高等教育工业机器人课程实操推荐教材

工业机器人典型应用案例精析

主 编 叶 晖

编 者 何智勇 黄桃军 黄江峰

主 审 高一平

机械工业出版社

本书以工业机器人 4 个典型应用为出发点，通过项目式教学的方法，对工业机器人在搬运、码垛、弧焊和压铸行业应用中参数设定、程序编写及调试进行详细的讲解与分析。让读者了解与掌握工业机器人在 4 个典型应用中的具体设定与调试方法，从而使读者对工业机器人的应用从软、硬件方面都有一个全面的认识。联系 QQ296447532 赠书 PPT 课件和配套资源。

本书适合从事工业机器人应用开发、调试与现场维护的工程师，特别是使用 ABB 工业机器人的工程技术人员，以及高职院校自动化相关专业学生使用。

图书在版编目（CIP）数据

工业机器人典型应用案例精析/叶晖主编．—北京：机械工业出版社，2013.6（2023.1 重印）

高等教育工业机器人课程实操推荐教材

ISBN 978-7-111-42359-1

Ⅰ．①工…　Ⅱ．①叶…　Ⅲ．①工业机器人—应用—案例—高等职业教育—教材　Ⅳ．①TP242.2

中国版本图书馆 CIP 数据核字（2013）第 091042 号

机械工业出版社（北京市百万庄大街 22 号　邮政编码 100037）
策划编辑：周国萍　　责任编辑：周国萍
版式设计：霍永明　　责任校对：张　力
封面设计：陈　沛　　责任印制：郜　敏
北京富资园科技发展有限公司印刷
2023 年 1 月第 1 版·第 17 次印刷
184mm×260mm·11.25 印张·278 千字
标准书号：ISBN 978-7-111-42359-1
定价：38.00 元

凡购本书，如有缺页、倒页、脱页，由本社发行部调换
电话服务　　　　　　　　　　网络服务
服务咨询热线：010-88379833　机 工 官 网：www.cmpbook.com
读者购书热线：010-88379649　机 工 官 博：weibo.com/cmp1952
　　　　　　　　　　　　　　　教育服务网：www.cmpedu.com
封面无防伪标均为盗版　　　　金 书 网：www.golden-book.com

前　言

　　生产力的不断进步推动了科技的进步与革新，建立了更加合理的生产关系。自工业革命以来，人力劳动已经逐渐被机械所取代，而这种变革为人类社会创造出巨大的财富，极大地推动了人类社会的进步。时至今天，机电一体化、机械智能化等技术应运而生。人类充分发挥主观能动性，进一步增强对机械的利用效率，使之为我们创造出更加巨大的生产力，并在一定程度上维护了社会的和谐。工业机器人的出现是人类在利用机械进行社会生产史上的一个里程碑。在发达国家中，工业机器人自动化生产线成套设备已成为自动化装备的主流及未来的发展方向。国外汽车行业、电子电器行业、工程机械等行业已经大量使用工业机器人自动化生产线，以保证产品质量，提高生产效率，同时避免了大量的工伤事故。全球诸多国家近半个世纪的工业机器人的使用实践表明，工业机器人的普及是实现自动化生产、提高社会生产效率、推动企业和社会生产力发展的有效手段。

　　本书以全球领先的 ABB 机器人为对象，使用 ABB 公司的机器人仿真软件 RobotStudio 创建 4 个现在工业机器人应用中的典型案例，包含了机器人搬运、码垛、弧焊、压铸机取件。利用软件的动画仿真功能在各个工作站中集成了夹具动作、物料搬运、周边设备动作等多种动画效果，使得机器人工作站高度仿真真实工作任务与工作场景情况，从而令学习者能全面掌握相关工业机器人应用的安装、配置与调试方法。让读者通过工业机器人典型应用的学习，掌握工业机器人应用的方法与技巧。

　　书中的内容简明扼要、图文并茂、通俗易懂，适合从事工业机器人应用开发、调试、现场维护工程技术人员学习和参考，特别是已掌握 ABB 机器人基本操作，需要进一步掌握工业机器人应用开发与调试的工程技术人员阅读参考。同时，本书还适合高等职业院校选作工业机器人典型应用的学习教材，配合 RobotStudio 软件中的工业机器人典型应用虚拟工作站使用效果更佳。

　　在这里，要特别感谢 ABB 机器人自动化和机器人产品技术部经理高一平、ABB 机器人市场部给予此书编写的大力支持，为本书的撰写提供了许多宝贵意见。尽管我们主观上想努力使读者满意，但在书中肯定还会有不尽如人意之处，热忱欢迎关心爱护它的读者提出宝贵的意见和建议。

目　　录

第 1 章

开始学习前的准备工作

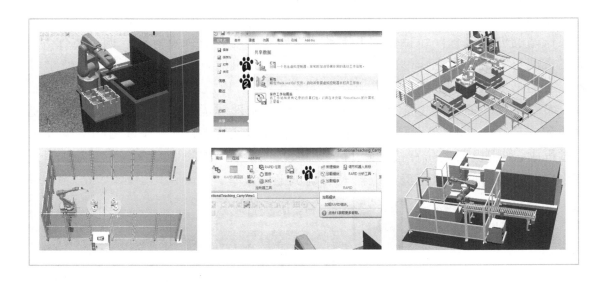

1.1 工业机器人项目式教学

项目式教学主张先练后讲，先学后教，强调学习者的自主学习，主动参与，从尝试入手，从练习开始，调动学习者学习的主动性、创造性、积极性等，学习者唱"主角"，而教学者转为"配角"，实现了老师与学生角色的换位，有利于加强对学习者自学能力、创新能力的培养。

基于项目式教学的优势，针对培养掌握工业机器人安装、配置与调试的应用工程师这个目标，在工业机器人典型应用教学中引入了此种高效的学习方式。

本书中利用 ABB 公司的机器人仿真软件 RobotStudio 创建 4 个现在工业机器人中应用的典型案例，包含了机器人搬运、码垛、弧焊、压铸机取件。利用软件的动画仿真功能在各个工作站中集成了夹具动作、物料搬运、周边设备动作等多种动画效果，使得机器人工作站高度仿真真实工作任务与工作场景情况，从而令学习者能全面掌握相关工业机器人应用的安装、配置与调试方法。

学习者通过在 RobotStudio 软件的机器人工作站中按照项目实施要求一步步完成工作站的创建过程，包括创建 I/O 系统、程序编写、目标点示教、调试运行等，最终实现整个机器人工作站的完整运行。通过整个机器人工作站实施过程，使学习者能够清晰地认识到创建机器人工作站的整个流程，以及各应用过程中机器人的配置、编程要点，在实践过程中强化对所学知识点的理解运用，并且更具操作性、便捷性和安全性。同时在学习过程中了解了机器人运动仿真技术，在以后的机器人应用过程中，利用机器人仿真技术有助于提高设计方案的可靠性，缩短项目实施周期，减少现场调试时间，提高工业机器人的调试工作效率。

由机械工业出版社出版的《工业机器人实操与应用技巧》中所讲述的工业机器人基础知识是本书内容的基础。所以建议在开始本书学习之前先熟悉掌握《工业机器人实操与应用技巧》中的工业机器人基础知识要点。

1.2　工业机器人典型应用工作站介绍

本书一共提供了 4 个工业机器人典型应用案例。

1．工业机器人搬运

工业机器人点到点搬运是生产线中最常见的应用，广泛应用于食品、饮料、包装、3C 电子、太阳能等行业。以太阳能薄板搬运为例，利用机器人将流水线上的薄板拾取并放置在相应的储存装置中，如图 1-1 所示。

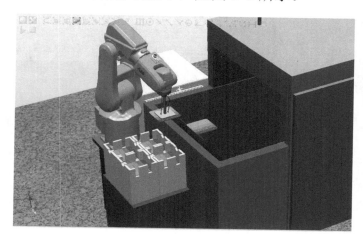

图　1-1

2．工业机器人码垛

以国内最为常见的一种工业机器人码垛工作站为例，此工作站中拥有两条产品输入线、两个产品输出位，机器人采用单夹板式夹具，一次夹取单个产品，将人从重复的重体力劳动中解放出来，如图 1-2 所示。

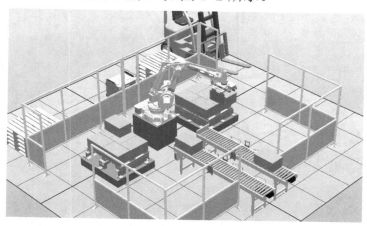

图　1-2

3．机器人弧焊

工业机器人弧焊工作站拥有一台焊接机器人并配置一台变位机，对所需加工工件进行焊接工艺处理，实现高节拍，节约空间的高效安全的焊接，如图1-3所示。

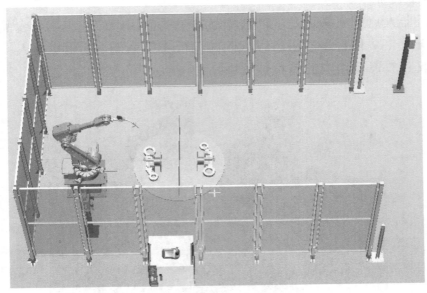

图　1-3

4．工业机器人压铸机取件

工业机器人在压铸机开模后将压铸成形工件取出，并完成检测、冷却、输送等一系列操作，以实现压铸工艺全自动化，如图1-4所示。

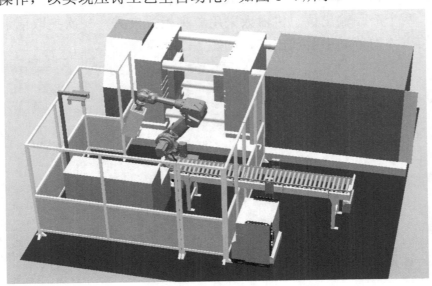

图　1-4

1.3　RobotStudio 知识准备

1.3.1　工业机器人典型应用工作站的共享操作

在 RobotStudio 中，一个完整的机器人工作站既包含前台所操作的工作站文件，还包含一个后台运行的机器人系统文件。当需要共享 RobotStudio 软件所创建的工作站时，可以利用"文件"菜单中的"共享"功能，使用其中"打包"功能，可以将所创建的机器人工作站打包成工作包（.rspag 格式）；利用"解包"功能，可以将该工作包在另外的计算机上解包使用。

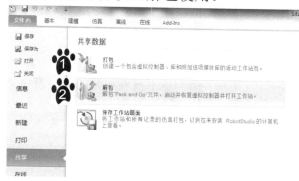

1.3.2　为工作站中的机器人加载 RAPID 程序模块

在机器人应用过程中，如果已有一个程序模板，则可以直接将该模块加载至机器人系统中。例如，已有 1#机器人程序，2#机器人的应用与 1#机器人相同，那么可以将 1#机器人的程序模块直接导入 2#机器人中。加载方法有以下两种。

1．软件加载

在 RobotStudio 中，"离线"菜单的"加载模块"功能可以用于加载程序模块，"在

❶

"打包"：创建一个包含虚拟控制器、库和附加选项媒体库的工作站包。

❷

"解包"：解包所打包的文件，启动并恢复虚拟控制器，打开工作站。

线"菜单中也有该功能，前者针对的是 PC
端仿真的机器人系统，后者针对的是利用
网线连接的真实的机器人系统。

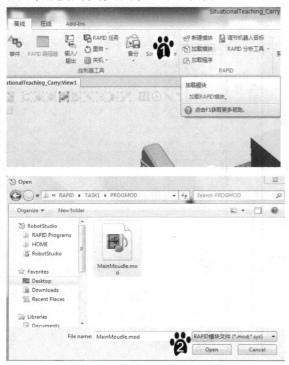

1

单击"离线"菜单中"加载模块"。

2

浏览至需要加载的程序模块文件，单击"Open"按钮。

2．示教器加载

在示教器中依次单击：ABB 菜单—程序编辑器—模块—文件—加载模块，之后浏览至所需加载的模块进行加载。

1

在程序编辑器模块栏中单击"文件"。

2

单击"加载模块"。

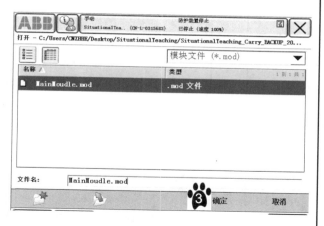

1.3.3　加载系统参数

在机器人应用过程中，如果已有系统参数文件，则可以直接将该参数文件加载至机器人系统中。例如，已有 1#机器人 I/O 配置文件，2#机器人的应用与 1#机器人相同，那么可以将 1#机器人的 I/O 配置文件直接导入 2#机器人中。系统参数文件存放在备份文件夹中的 SYSPAR 文件目录下，其中最常用的是其中的 EIO 文件，即机器人 I/O 系统配置文件。系统参数加载方法有以下两种：

1．软件加载

在 RobotStudio 中，"离线"菜单的"加载参数"功能可以用于加载系统参数，"在线"菜单中也有该功能，前者针对的是 PC 端仿真的机器人系统，后者针对的是利用网线连接的真实的机器人系统。

浏览至所需加载的程序模块文件，单击"确定"按钮。

一般地，两台硬件配置一致的机器人会共享 I/O 设置文件 EIO.cfg，其他的文件可能会造成系统故障。
若错误加载参数后，可做一个"I 启动"使机器人回到出厂初始状态。

在"离线"菜单中单击"加载参数"。

一般选用第三种加载方式，即"R 载入参数并覆盖重复项"。

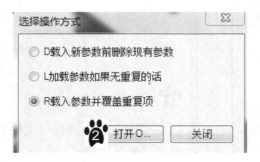

备份文件夹中的系统参数文件保存在"SYSPAR"文件夹下。浏览至"SYSPAR"目录后，若不能显示系统参数文件，则需要在"File name"（即"文件名称"）中输入"EIO"，则自动跳出"EIO.cfg"，单击"Open"按钮之后即可打开。

2．示教器加载

在示教器中依次单击：ABB 菜单—控制面板—配置—文件—加载参数，加载方式一般也选取第三项，即"加载后覆盖重复项"，之后浏览至所需加载的系统参数文件进行加载。

勾选"R 载入参数并覆盖重复项"，之后单击"打开"按钮。

在"File name"（即"文件名称"）中输入"EIO"，单击跳出来的 EIO.cfg，之后单击"Open"按钮。

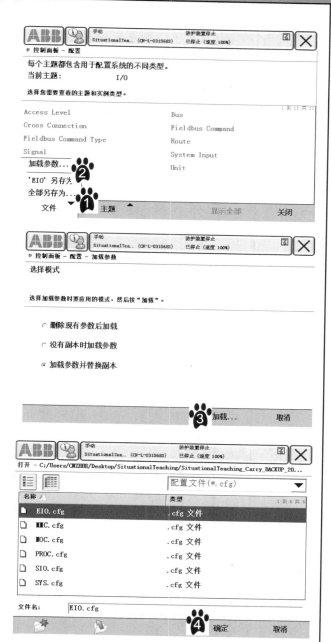

打开"文件"菜单。

②

单击"加载参数"。

③

勾选"加载参数并替换副本",之后单击"加载"按钮。

④

浏览至所需加载的系统参数文件,选中"EIO.cfg",单击"确定"按钮,重新启动即可。

1.3.4 仿真 I/O 信号

在仿真过程中,有时需要手动去仿真一些 I/O 信号,以使当前工作站满足机器人运行条件。在 RobotStudio 软件的"仿真"菜单中利用"I/O 仿真器"可对 I/O 信号进行仿真。

单击"仿真"菜单中的"I/O 仿真器"，即可在软件右侧跳出"I/O 仿真器"菜单栏。

单击"I/O 仿真器"，之后在右侧即出现"I/O 仿真器"菜单。通过"选择系统"下拉菜单即可选择不同系统中的 I/O 信号列表，在此窗口中即可对 I/O 信号进行相应的仿真，以使其满足机器人不同运行情况所需的 I/O 信号条件。

在"选择系统"栏中选择相应系统，包含工作站信号、机器人信号以及智能组件信号等。

单击需要仿真的信号，相应指示灯则会置为 1，再次单击即可置为 0。

1.3.5 RobotStudio 版本界面区别

本书中所提供的工作站案例所使用的软件版本为 RobotStudio5.14.02，所以学习者所用软件版本不得低于此版本，5.14.03 版本、5.15.01 版本或更高版本均可使用。但 5.15 与 5.14 在软件界面上有所区别。

1. RobotStudio5.14 与 RobotStudio5.15 菜单栏对比

RobotStudio5.14 版本菜单栏中的"离线""在线"菜单：

更新为 RobotStudio5.15 版本菜单栏中的"控制器""RAPID"菜单：

其中，5.14 版本中的"在线""离线"菜单大部分功能更新至 5.15 版本中的"控制器"菜单中，5.14 版本中"在线""离线"菜单中的 RAPID 编辑功能更新至 5.15 版本中的"RAPID"菜单中。

2. 菜单栏细节对比

序号	RobotStudio5.14	更新说明	RobotStudio5.15
1	"离线"菜单中的"同步"：	"同步"功能位置由原先的离线菜单中更新到了"RAPID"菜单中，并且更新成了展开图标，单击"同步"即可展开"同步到VC"和"同步到工作站"	"RAPID"菜单中的"同步"：
2	"离线"菜单中的"虚拟控制器"以及"控制器工具"：	原"虚拟控制器"中的"虚拟示教器"更新至了"控制器工具"中，并增加了编辑系统、任务框架、编码器单元功能；	"控制器"菜单中的"虚拟控制器"以及"控制器工具"：

（续）

序号	RobotStudio5.14	更新说明	RobotStudio5.15
2	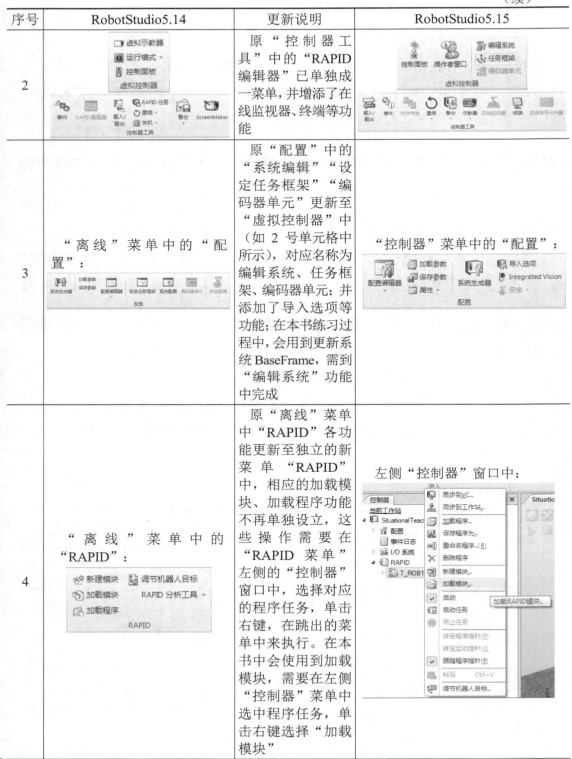	原"控制器工具"中的"RAPID编辑器"已单独成一菜单，并增添了在线监视器、终端等功能	
3	"离线"菜单中的"配置"：	原"配置"中的"系统编辑""设定任务框架""编码器单元"更新至"虚拟控制器"中（如2号单元格中所示），对应名称为编辑系统、任务框架、编码器单元；并添加了导入选项等功能；在本书练习过程中，会用到更新系统BaseFrame，需到"编辑系统"功能中完成	"控制器"菜单中的"配置"：
4	"离线"菜单中的"RAPID"：	原"离线"菜单中"RAPID"各功能更新至独立的新菜单"RAPID"中，相应的加载模块、加载程序功能不再单独设立，这些操作需要在"RAPID菜单"左侧的"控制器"窗口中，选择对应的程序任务，单击右键，在跳出的菜单中来执行。在本书中会使用到加载模块，需要在左侧"控制器"菜单中选中程序任务，单击右键选择"加载模块"	左侧"控制器"窗口中：

（续）

序号	RobotStudio5.14	更新说明	RobotStudio5.15
5	"在线"菜单中的"进入"： 进入	连接真实控制器的"进入"更新至了"控制器"菜单中，各工具没变化	"控制器"菜单中的"进入" 进入
6	"在线"菜单中的"传送""监控"： 传送 监控	传送中添加了创建关系打开关系功能，监控中的"在线监视器"更新至了"控制器工具"中（如2号单元格中所示）	"控制器"菜单中的"传送"： 传送

1.4 工业机器人典型应用相关资源

在机器人伙伴网站 http://www.robotpartner.cn/中可以：

1）观看工业机器人典型应用教学视频。

2）下载工业机器人典型应用工作站打包文件。

3）下载工业机器人典型应用模板程序及相关资料。

关注工业机器人伙伴微博：http://weibo.com/ robotpartner。

下载最新版本工业机器人仿真软件，请登录 http://www.robotstudio.com。

了解最新工业机器人，请登录 http://www.abb.com.cn/robotics。

工业机器人伙伴公众微信号：robotpartnerweixin。

1.5 本书学习注意事项

本书中所讲述的 4 个工业机器人典型应用相关参数与 RAPID 程序只适用案例中的特定情况。由于实际应用情况千变万化，读者切勿将其直接应用于实际的应用当中，以免造成人身伤害和不必要的损失。

第 2 章

工业机器人典型应用——搬运

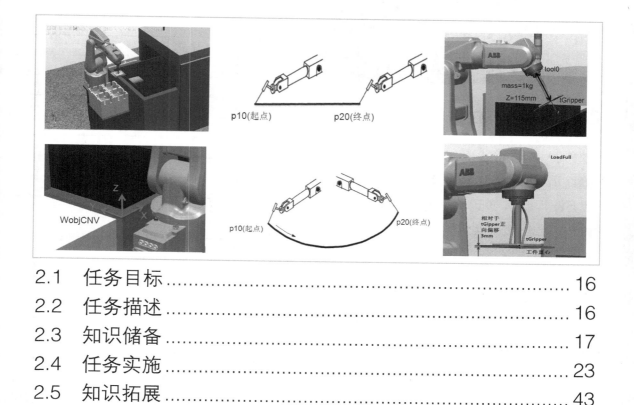

2.1　任务目标

➤　了解工业机器人搬运工作站布局。

➤　学会搬运常用 I/O 配置。

➤　学会程序数据创建。

➤　学会目标点示教。

➤　学会程序调试。

➤　学会搬运程序编写。

2.2　任务描述

本工作站以太阳能薄板搬运为例，利用 IRB120[①] 机器人在流水线上拾取太阳能薄板工件，将其搬运至暂存盒中，以便周转至下一工位进行处理。本工作站中已经预设搬运动作效果，大家需要在此工作站中依次完成 I/O 配置、程序数据创建、目标点示教、程序编写及调试，最终完成整个搬运工作站的搬运过程。通过本章的学习，使大家学会工业机器人的搬运应用，学会工业机器人搬运程序的编写技巧。

ABB 机器人在搬运方面有众多成熟的解决方案，在 3C、食品、医药、化工、金属加工、太阳能等领域均有广泛的应用，涉及物流输送、周转、仓储等。采用机器

①ABB 推出的一款迄今为止最小的多用途工业机器人——紧凑、敏捷、轻量的六轴 IRB 120，仅重 25kg，荷重 3kg（垂直腕为 4kg），工作范围达 580mm。

笔记：

人搬运可大幅提高生产效率、节省劳动力成本、提高定位精度并降低搬运过程中的产品损坏率。

2.3 知识储备

2.3.1 标准 I/O 板配置①

ABB 标准 I/O 板挂在 DeviceNet 总线上面，常用型号有 DSQC651（8 个数字输入，8 个数字输出，2 个模拟输出），DSQC652（16 个数字输入，16 个数字输出）。在系统中配置标准 I/O 板，至少需要设置以下四项参数：

参 数 名 称	参 数 注 释
Name	I/O 单元名称
Type of Unit	I/O 单元类型
Connected to Bus	I/O 单元所在总线
DeviceNet Address	I/O 单元所占用总线地址

2.3.2 数字 I/O 配置

在 I/O 单元上创建一个数字 I/O 信号，至少需要设置以下四项参数：

参 数 名 称	参 数 注 释
Name	I/O 信号名称
Type of Signal	I/O 信号类型
Assigned to Unit	I/O 信号所在 I/O 单元
Unit Mapping	I/O 信号所占用单元地址

2.3.3 系统 I/O 配置②

系统输入：将数字输入信号与机器人系统的控制信号关联起来，就可以通过输入信号对系统进行控制（例如，电动机上电、程序启动等）。

①标准 I/O 板配置及 I/O 信号配置详细过程可参考由机械工业出版社出版的《工业机器人实操与应用技巧》或 http://www.robotpartner.cn 网上教学视频中关于标准 I/O 板配置及 I/O 信号配置的说明。

笔记：

_____

_____

_____

_____

_____

_____

_____

_____

_____

_____

_____

_____

_____

_____

_____

_____

_____

_____

_____

_____

_____

_____

_____

②系统输入/输出配置详细过程可参考由机械工业出版社出版的《工业机器人实操与应用技巧》或 http://www.robotpartner.cn 网上教学视频中关于系统输入/输出配置的说明。

系统输出：机器人系统的状态信号也可以与数字输出信号关联起来，将系统的状态输出给外围设备作控制之用（例如，系统运行模式、程序执行错误等）。

2.3.4 常用运动指令[①]

MoveL：线性运动指令

将机器人 TCP 沿直线运动至给定目标点，适用于对路径精度要求高的场合，如切割、涂胶等。

例如：

MoveL p20, v1000, z50, tool1 \WObj:= wobj1;

如图 2-1 所示，机器人 TCP 从当前位置 p10 处运动至 p20 处，运动轨迹为直线。

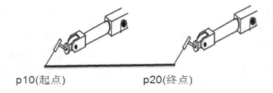

p10(起点)　　　　　　p20(终点)

图　2-1

MoveJ：关节运动指令

将机器人 TCP 快速移动至给定目标点，运行轨迹不一定是直线。

例如：

MoveJ　p20, v1000, z50, tool1 \WObj:= wobj1;

如图 2-2 所示，机器人 TCP 从当前位置 p10 处运动至 p20 处，运动轨迹不一定为直线。

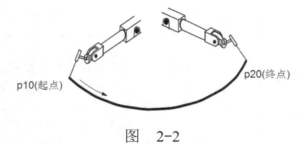

p10(起点)　　　　　　　p20(终点)

图　2-2

①ABB 常用运动指令详细教程可参考由机械工业出版社出版的《工业机器人实操与应用技巧》或http://www.robotpartner.cn网上教学视频中关于 ABB 常用运动指令的说明。

MoveC：圆弧运动指令[①]

将机器人 TCP 沿圆弧运动至给定目标点。

例如：

MoveC　p20, p30,v1000, z50, tool1 \WObj:=wobj1;

如图 2-3 所示，机器人当前位置 p10 作为圆弧的起点，p20 是圆弧上的一点，p30 作为圆弧的终点。

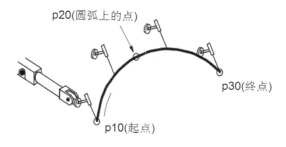

p20(圆弧上的点)

p30(终点)

p10(起点)

图　2-3

MoveAbsj：绝对运动指令

将机器人各关节轴运动至给定位置。

例如：

PERS jointarget jpos10:= [[0,0,0,0,0,0],[9E+09, 9E+09,9E+09,9E+09,9E+09,9E+09]];

关节目标点数据中各关节轴为零度。

MoveAbsj　jpos10,v1000, z50, tool1 \WObj:=wobj1;

则机器人运行至各关节轴零度位置。

2.3.5　常用 I/O 控制指令[②]

Set：将数字输出信号置为 1

例如：

Set　Do1;

将数字输出信号 Do1 置为 1。

①圆弧运动指令MoveC 在做圆弧运动时一般不超过 240°，所以一个完整的圆通常使用两条圆弧指令来完成。

笔记：

②常用 I/O 控制指令详细内容可参考由机械工业出版社出版的《工业机器人实操与应用技巧》或 http://www.robotpartner.cn 网上教学视频中关于常用 I/O 控制指令的说明。

Reset[①]：将数字输出信号置为 0

例如：

Reset　Do1；

将数字输出信号 Do1 置为 0。

WaitDI[②]：等待一个输入信号状态为设定值

例如：

WaitDI　Di1,1；

等待数字输入信号 Di1 为 1，之后才执行下面的指令。

2.3.6　常用逻辑控制指令[③]

IF：满足不同条件，执行对应程序

例如：

IF reg1 > 5 THEN

Set do1；

ENDIF

如果 reg1>5 条件满足，则执行 Set Do1 指令。

FOR：根据指定的次数，重复执行对应程序

例如：

FOR　i[④]　FROM 1 TO 10 DO

routine1；

ENDFOR

重复执行 10 次 routine1 里的程序。

WHILE：如果条件满足，则重复执行对应程序

例如：

WHILE reg1 < reg2 DO

reg1 := reg1 + 1；

ENDWHILE

如果变量 reg1<reg2 条件一直成立，则重复执行 reg1 加 1，直至 reg1<reg2 条件不成立为止。

笔记：

_____

_____

_____

_____

_____

_____

_____

_____

_____

①Set do1；等同于：

SetDO do1,1；

Reset do1；等同于：

SetDO do1,0；

另外，SetDO 还可设置延迟时间：

SetDO \SDelay := 0.2，do1,1；

则延迟 0.2s 后将 do1 置为 1。

②WaitDI Di1,1；等同于：

WaitUntil di1=1；

另外，WaitUntil 应用更为广泛，其等待的是后面条件为 TRUE 才继续执行，如：

WaitUntil bRead=False；

WaitUntil num1=1；

③常用逻辑控制指令详细内容可参考由机械工业出版社出版的《工业机器人实操与应用技巧》或 http://www.robotpartner.cn 网上教学视频中关于常用逻辑控制指令的说明。

④FOR 指令后面跟的是循环计数值，其不用在程序数据中定义，每次运行一遍 FOR 循环中的指令后会自动执行加 1 操作。

TEST：根据指定变量的判断结果，执行对应程序

例如：

TEST　reg1

CASE　1[①] :

routine1;

CASE　2 :

routine2;

DEFAULT :

Stop;

ENDTEST

判断 reg1 数值，若为 1 则执行 routine1；若为 2 则执行 routine2，否则执行 stop。

2.3.7　注释行"!"

在语句前面加上"!"，则整行语句作为注释行，不被程序执行。

例如：

! Goto the Pick Position;

MoveL　pPick, v1000, fine, tool1 \WObj:=wobj1;

2.3.8　Offs 偏移功能[②]

以选定的目标点为基准，沿着选定工件坐标系的 X、Y、Z 轴方向偏移一定的距离。

例如：

MoveL Offs(p10, 0, 0, 10), v1000, z50, tool0 \WObj:=wobj1;

将机器人 TCP 移动至以 p10 为基准点，沿着 wobj1 的 Z 轴正方向偏移 10mm 的位置。

2.3.9　CRobT 功能[③]

读取当前机器人目标点位置数据。

笔记：

_____

_____

_____

_____

①在 CASE 中，若多种条件下执行同一操作，则可合并在同一 CASE 中：

　　TEST　reg1

　　CASE　1,2,3:

　　　　routine1;

　　CASE　4 :

　　　　routine2;

　　DEFAULT :

　　　　Stop;

　　ENDTEST

②RelTool 同样为偏移指令，而且可以设置角度偏移，但其参考的坐标系为工具坐标系，如

MoveL RelTool(p10,0,0, 10\Rx:=0\Ry:=0\Rz:=45),v1000,z50,tool1;

则机器人 TCP 移动至以 p10 为基准点，沿着 tool1 坐标系 Z 轴正方向偏移 10mm，且 TCP 沿着 tool1 坐标系 Z 轴旋转 45°。

③CJointT 为读取当前机器人各关节轴度数的功能；程序数据 robotTarget 与 JointTarget 之间可以相互转换：

　　p1:=CalcRobT(jointpos1,tool1
　　　　　　\WObj:=wobj1);

将 JointTarget 转换为 robotTarget。

jointpos1:= CalcJointT(p1, tool1
　　　　　　\WObj:=wobj1);

将 robotTarget 转换为 JointTarget。

例如：

PERS   robtarget   p10;

p10 := CRobT(\Tool:=tool1 \WObj:=wobj1);

读取当前机器人目标点位置数据，指定工具数据为tool1，工件坐标系数据为wobj1（若不指定，则默认工具数据为 tool0，默认工件坐标系数据为 wobj0），之后将读取的目标点数据赋值给 p10。

2.3.10　常用写屏指令

例如：

TPErase;

TPWrite   "The Robot is running!";

TPWrite   "The Last CycleTime

is :"\num:=nCycleTime;

假设上一次循环时间 nCycleTime 为 10s，则示教器上面显示内容为

The Robot is running!

The Last CycleTime is： 10

2.3.11　功能程序 FUNC[①]

功能程序能够返回一个特定数据类型的值，在其他程序中可当做功能来调用。

例如：

PERS   num   nCount;

FUNC bool bCompare (num nMin, num nMax)
RETURN nCount>nMin AND nCount< nMax;
ENDFUNC

PROC   rTest()
    IF bCompare (5,10)THEN
        …
    ENDIF
ENDPROC

①例行程序一共有三种类型，分别为Procedures（普通程序）、Functions（功能程序）、Trap routines（中断程序）。
Procedures：如常用的主程序、子程序等。
Functions：会返回一个指定类型的数据，在其他指令中可作为参数调用。
Trap：中断程序。当中断条件满足时，则立即执行该程序中的指令，运行完成后返回调用该中断的地方继续往下执行。

上述例子中，定义了一个用于比较数值大小的布尔量型功能程序，在调用此功能时需要输入比较下限值和上限值，如果数据 nCount 在上下限值范围之内，则返回为 TRUE，否则为 FALSE。

2.4 任务实施

2.4.1 工作站解包

SituationalTeaching_Carry.rspag

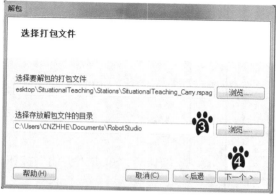

双击工作站打包文件：
SituationalTeaching_Carry.rspag。

单击"下一个"按钮。

单击"浏览"按钮，选择存放解包文件的目录。

单击"下一个"按钮。

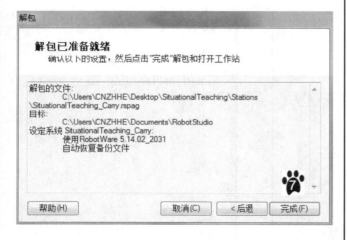

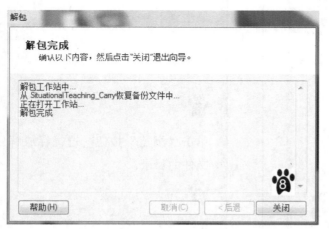

机器人系统库指向"MEDIAPOOL"文件夹。选择 RobotWare 版本（要求最低版本为 5.14.02）。

单击"下一个"按钮。

解包就绪后，单击"完成"按钮。

确认后，单击"关闭"按钮。

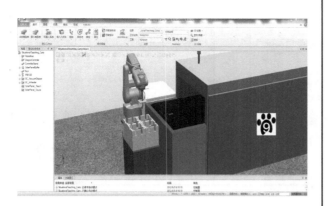

解包完成后，在主窗口显示整个搬运工作站。

2.4.2　创建备份并执行 I 启动

现有工作站中已包含创建好的参数以及 RAPID 程序。从零开始练习建立工作站的配置工作，需要先将此系统做一备份，之后执行 I 启动，将机器人系统恢复到出厂初始状态。

离线菜单中打开"备份"，然后单击"创建备份"。

为备份命名，并选定保存的位置。

单击"备份"按钮。

之后执行"I启动"①

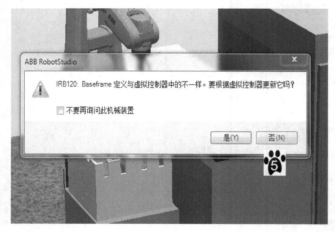

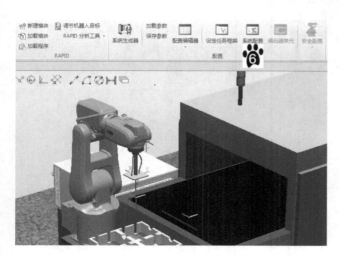

4️⃣

在"离线"菜单中，单击"重启"，然后选择"I启动"。

5️⃣

在 I 启动完成后，跳出 BaseFrame 更新提示框，暂时先单击"否"按钮。

6️⃣

在"离线"菜单中选择"系统配置"。5.15 版本中，在"控制器"菜单中选择"编辑系统"。

①重启类型介绍如下。

热启动：修改系统参数及配置后使其生效。

关机：关闭当前系统，同时关闭主机。

B 启动：尝试从最近一次无错状态下启动系统。

P 启动：重新启动并删除已加载的 RAPID 程序。

I 启动：重新启动，恢复至出厂设置。

C 启动：重新启动并删除当前系统。

X 启动：重新启动，装载系统或选择其他系统，修改 IP 地址。

执行更新 BaseFrame 操作[①]

待执行热启动后，则完成了工作站的初始化操作。

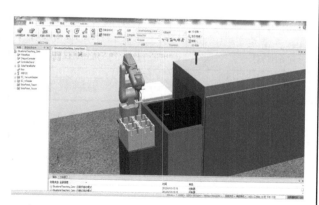

2.4.3　配置 I/O 单元[②]

在虚拟示教器中，根据以下的参数配置 I/O 单元。

Name	Type of unit	Connected To bus	DeviceNet address
Board10	D651	DeviceNet1	10

注：参数注释见 17 页。

2.4.4　配置 I/O 信号

在虚拟示教器中，根据以下的参数配置 I/O 信号。

在左侧栏中选中"ROB_1"。

选中"使用当前工作站数值"。

单击"确定"按钮。

①在 RobotStudio 中，工作站中的机器人基坐标系框架必须与控制系统中的基坐标系框架保持一致才可正常运行。当在工作站中移动机器人后，通常是使用工作站中当前基坐标系框架数据去同步控制器中的该项数据，最终使其保持数据的一致。②在本工作站仿真环境中，动画效果均由 Smart 组件创建，Smart 组件的动画效果通过其自身的输入/输出信号与机器人的 I/O 信号相关联，最终实现工作站动画效果与机器人程序的同步。在创建这些信号时，需要严格按照表格中的名称一一进行创建。

Name	Type of Signal	Assigned to Unit	Unit Mapping	I/O 信号注解
di00_BufferReady	Digital Input	Board10	0	暂存装置到位信号
di01_PanelInPickPos	Digital Input	Board10	1	产品到位信号
di02_VacuumOK	Digital Input	Board10	2	真空反馈信号
di03_Start	Digital Input	Board10	3	外接"开始"
di04_Stop	Digital Input	Board10	4	外接"停止"
di05_StartAtMain	Digital Input	Board10	5	外接"从主程序开始"
di06_EstopReset	Digital Input	Board10	6	外接"急停复位"
di07_MotorOn	Digital Input	Board10	7	外接"电动机上电"
do32_VacuumOpen	Digital Output	Board10	32	打开真空
do33_AutoOn	Digital Output	Board10	33	自动状态输出信号
do34_BufferFull	Digital Output	Board10	34	暂存装置满载

注：参数注释见 17 页。

2.4.5 配置系统输入/输出

在虚拟示教器中，根据以下的参数配置系统输入/输出信号。

Type	Signal Name	Action\Status	Argument1	注释
System Input	di03_Start	Start	Continuous	程序启动
System Input	di04_Stop	Stop	无	程序停止
System Input	di05_StartAtMain	StartMain	Continuous	从主程序启动
System Input	di06_EstopReset	ResetEstop	无	急停状态恢复
System Input	di07_MotorOn	MotorOn	无	电动机上电
System Output	do33_AutoOn	Auto On	无	自动状态输出

2.4.6　创建工具数据[①]

在虚拟示教器中，根据以下的参数设定工具数据 tGripper。示例如图 2-4 所示。

参　数　名　称	参　数　数　值
robothold	TRUE
trans	
X	0
Y	0
Z	115
rot	
q1	1
q2	0
q3	0
q4	0
mass	1
cog	
X	0
Y	0
Z	100
其余参数均为默认值	

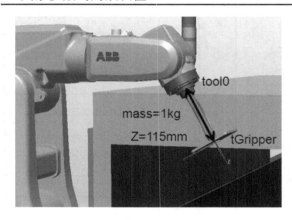

图　2-4

2.4.7　创建工件坐标系数据[②]

本工作站中，工件坐标系均采用用户三点法创建。

在虚拟示教器中，根据图 2-5、图 2-6所示位置设定工件坐标。

工件坐标系 WobjCNV 设置如图 2-5 所示。

①创建工具数据详细内容可参考由机械工业出版社出版的《工业机器人实操与应用技巧》或 http://www.robotpartner.cn 网上教学视频中关于创建工具数据的说明。

笔记：

_____

_____

_____

_____

_____

_____

_____

_____

_____

_____

_____

_____

_____

_____

_____

_____

②创建工件坐标数据详细内容可参考由机械工业出版社出版的《工业机器人实操与应用技巧》或 http://www.robotpartner.cn 网上教学视频中关于创建工件坐标数据的说明。

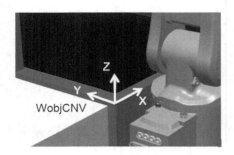

图　2-5

工件坐标系 WobjBuffer 设置如图 2-6 所示。

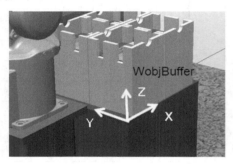

图　2-6

2.4.8　创建载荷数据[①]

在虚拟示教器中,根据以下的参数设定载荷数据 LoadFull。示例如图 2-7 所示。

参 数 名 称	参 数 数 值
mass	0.5
cog	
X	0
Y	0
Z	3
其余参数均为默认值	

图　2-7

笔记:

①创建有效载荷数据详细内容可参考由机械工业出版社出版的《工业机器人实操与应用技巧》或 http://www.robotpartner.cn 网上教学视频中关于创建有效载荷数据的说明。

2.4.9 导入程序模板

在之前创建的备份文件中包含了本工作站的 RAPID 程序模板。此程序模板已能够实现本工作站机器人的完整逻辑及动作控制，只需对几个位置点进行适当的修改，便可正常运行。

注意： 若导入程序模板时，提示工具数据、工件坐标数据和有效载荷数据命名不明确，如图 2-8 所示，则在手动操纵画面将之前设定的数据删除，再进行导入程序模板的操作。

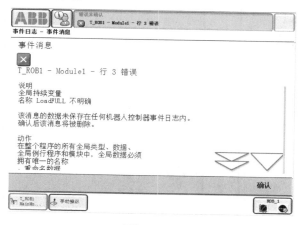

图 2-8

可以通过虚拟示教器导入程序模块，也可以通过 RobotStudio "离线" 菜单中的 "加载模块" 来导入，这里以软件操作为例来介绍加载程序模块的步骤：

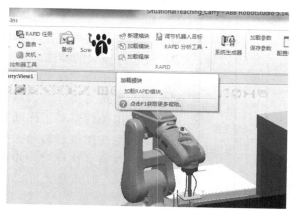

在 "离线" 菜单中，单击 "加载模块"。5.15 版本的 "加载模块"，请参考 12 页的说明。

浏览至之前所创建的备份文件夹①：

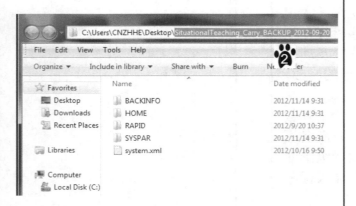

然后，打开文件夹"RAPID"—"TASK1"—"PROGMOD"，找到程序模块"MainMoudle.mod"。

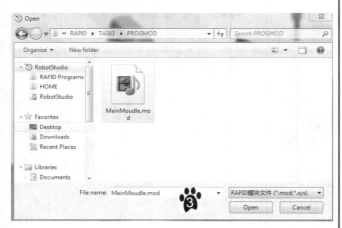

跳出"同步到工作站"对话框②

①备份文件夹中共有四个文件夹和一个文件。

BACKINFO：备份信息。

HOME：机器人硬盘上HOME文件夹。

RAPID：机器人RAPID程序。

SYSPAR：机器人配置参数。

system.xml：机器人系统信息。

浏览至之前所创建的文件夹。

选中"MainMoudle.mod"，单击"Open"按钮。

勾选全部，单击"确定"按钮，完成加载程序模块的操作。

②在RobotStudio中，为保证虚拟控制器中的数据与工作站数据一致，需要将虚拟控制器与工作站数据进行同步。当在虚拟示教器进行数据修改后，则需要执行"同步到工作站"；反之，则需要执行"同步到VC（虚拟控制器）"。

2.4.10　程序注解

本工作站要实现的动作是机器人在流水线上拾取太阳能薄板工件，将其搬运至暂存盒中，以便周转至下一工位进行处理。

在熟悉了此 RAPID 程序后，可以根据实际的需要在此程序的基础上做适用性的修改，以满足实际逻辑与动作的控制。

以下是实现机器人逻辑和动作控制的 RAPID 程序：

```
MOUDLE    MainMoudle
CONST    robtarget    pPick:=[[*,*,*],[*,*,*,*],[0,0,0,0],[9E9,9E9,9E9,9E9,9E9,9E9]];
CONST    robtarget    pHome :=[[*,*,*],[*,*,*,*],[0,0,0,0],[9E9,9E9,9E9,9E9,9E9,9E9]];
CONST    robtarget    pPlaceBase :=[[*,*,*],[*,*,*,*],[-1,0,-1,0],[9E9,9E9,9E9,9E9,9E9,
9E9]];
        !需要示教的目标点数据，抓取点 pPick、HOME 点 pHome、放置基准点 pPlaceBase
PERS wobjdata WobjCNV:=[FALSE,TRUE,"",[[-456.216,-2058.49,-233.373],[1,0,0,0]],
[[0,0,0],[1,0,0,0]]];
        !定义输送带工件坐标系WobjCNV
PERS wobjdata WobjBuffer:=[FALSE,TRUE,"",[[-421.764,1102.39,-233.373],[1,0,0,0]],
[[0,0,0],[1,0,0,0]]];
        !定义暂存盒工件坐标系WobjBuffer
PERS tooldata tGripper:=[TRUE,[[0,0,115],[1,0,0,0]],[1,[0,0,100],[1,0,0,0],0,0,0]];
        !定义工具坐标系数据tGripper
PERS loaddata LoadFull:=[0.5,[0,0,3],[1,0,0,0],0,0,0.1];
        !定义有效载荷数据 LoadFull
PERS    robtarget    pPlace;
        !放置目标点，类型为 PERS，在程序中被赋予不同的数值，用以实现多点位放置
CONST    jointtarget    jposHome:=[[0,0,0,0,0,0],[9E+09,9E+09,9E+09,9E+09,9E+09,9E+
09]];
        !关节目标点数据，各关节轴度数为 0，即机器人回到各关节轴机械刻度零位
CONST    speeddata    vLoadMax:=[3000,300,5000,1000];
CONST    speeddata    vLoadMin:=[500,200,5000,1000];
CONST    speeddata    vEmptyMax:=[5000,500,5000,1000];
CONST    speeddata    vEmptyMin:=[1000,200,5000,1000];
        !速度数据，根据实际需求定义多种速度数据，以便于控制机器人各动作的速度
PERS    num    nCount:=1;
        !数字型变量 nCount，此数据用于太阳能薄板计数，根据此数据的数值赋予放置目
标点 pPlace 不同的位置数据，以实现多点位放置
```

PERS　num　nXoffset:=145;

PERS　num　nYoffset:=148;

　　　!数字型变量，用做放置位置偏移数值，即太阳能薄板摆放位置之间在 X、Y 方向的单个间隔距离

VAR　bool　bPickOK:=False;

　　　!布尔量，当拾取动作完成后将其置为 True，放置完成后将其置为 False，以作逻辑控制之用

PROC Main()

　　　!主程序

rInitialize;

　　　!调用初始化程序

WHILE TRUE DO

　　　!利用 WHILE 循环将初始化程序隔开

　　　　　rPickPanel;

　　　!调用拾取程序

　　　　　rPlaceInBuffer;

　　　!调用放置程序

　　Waittime 0.3;

　　!循环等待时间，防止在不满足机器人动作情况下程序扫描过快，造成 CPU 过负荷

　　ENDWHILE

ENDPROC

PROC rInitialize()

　　　!初始化程序

rCheckHomePos;

　　　!机器人位置初始化，调用检测是否在 Home 位置点程序，检测当前机器人位置是否在 HOME 点，若在 HOME 点的话则继续执行之后的初始化相关指令；若不在 HOME 点，则先返回至 HOME 点

nCount:=1;

　　　!计数初始化，将用于太阳能薄板的计数数值设置为 1，即从放置的第一个位置开始摆放

reset do32_VacuumOpen;

　　　!信号初始化，复位真空信号，关闭真空

bPickOK:=False;

　　　!布尔量初始化，将拾取布尔量置为 False

ENDPROC

```
PROC rPickPanel()
```
!拾取太阳能薄板程序
```
IF bPickOK=False THEN
```
!当拾取布尔量 bPickOK 为 False 时，则执行 IF 条件下的拾取动作指令，否则执行 ELSE 中出错处理的指令，因为当机器人去拾取太阳能薄板时，需保证其真空夹具上面没有太阳能薄板
```
    MoveJ offs(pPick,0,0,100),vEmptyMax,z20,tGripper\WObj:=WobjCNV;
```
!利用 MoveJ 指令移至拾取位置 pPick 点正上方 Z 轴正方向 100mm 处
```
    WaitDI di01_PanelInPickPos,1;
```
!等待产品到位信号 di01_PanelInPickPos 变为 1，即太阳能薄板已到位
```
    MoveL pPick,vEmptyMin,fine,tGripper\WObj:=WobjCNV;
```
!产品到位后，利用 MoveL 移至拾取位置 pPick 点
```
    Set do32_VacuumOpen;
```
!将真空信号置为 1，控制真空吸盘产生真空，将太阳能薄板拾起
```
    WaitDI di02_VacuumOK,1;
```
!等待真空反馈信号为 1，即真空夹具产生的真空度达到需求后才认为已将产品完全拾起。若真空夹具上面没有真空反馈信号，则可以使用固定等待时间，如 Waittime 0.3;
```
    bPickOK:=TRUE;
```
!真空建立后，将拾取的布尔量置为 TRUE，表示机器人夹具上面已拾取一个产品，以便在放置程序中判断夹具的当前状态
```
    GripLoad LoadFull;
```
!加载载荷数据 LoadFull
```
    MoveL offs(pPick,0,0,100),vLoadMin,z10,tGripper\WObj:=WobjCNV;
```
!利用 MoveL 移至拾取位置 pPick 点正上方 100mm 处
```
ELSE
TPERASE;
TPWRITE "Cycle Restart Error";
TPWRITE "Cycle can't start with SolarPanel on Gripper";
TPWRITE "Please check the Gripper and then restart next cycle ";
Stop;
```
!如果在拾取开始之前拾取布尔量已经为 TRUE，则表示夹具上面已有产品，此种情况下机器人不能再去拾取另一个产品。此时通过写屏指令描述当前错误状态，并提示操作员检查当前夹具状态，排除错误状态后再开始下一个循环。同时利用 Stop 指令，停止程序运行
```
ENDIF
```

ENDPROC

PROC rPlaceInBuffer()
    !放置程序
IF bPickOK=TRUE THEN
       rCalculatePos;
    !调用计算放置位置程序。此程序中会通过判断当前计数 nCount 的值，从而对放置点 pPlace 赋予不同的放置位置数据
       WaitDI di00_BufferReady,1;
    !等待暂存盒准备完成信号 di00_BufferReady 变为 1
       MoveJ offs(pPlace,0,0,100),vLoadMax,z20,tGripper\WObj:=WobjBuffer;
    !利用 MoveJ 移至放置位置 pPlace 点正上方 100mm 处
       MoveL pPlace,vLoadMin,fine,tGripper\WObj:=WobjBuffer;
    !利用 MoveL 移至放置位置 pPlace 点处
       reset do32_VacuumOpen;
    !复位真空信号，控制真空夹具关闭真空，将产品放下
       WaitDI di02_VacuumOK,0;
    !等待真空反馈信号变为 0
  waittime 0.3;
    !等待 0.3s，以防止刚放置的产品被剩余的真空带起
       GripLoad load0;
    !加载载荷数据 load0
       bPickOK:=FALSE;
    !此时真空夹具已将产品放下，需要将拾取布尔量置为 FALSE，以便在下一个循环的拾取程序中判断夹具的当前状态
       MoveL offs(pPlace,0,0,100),vEmptyMin,z10,tGripper\WObj:=WobjBuffer;
    !利用 MoveL 移至放置位 pPlace 点正上方 100mm 处
       nCount:=nCount+1;
    !产品计数 nCount 加 1，通过累计 nCount 的数值，在计算放置位置的程序 rCalculatePos 中赋予放置点 pPlace 不同的位置数据
       IF nCount>4 THEN
    !判断计数 nCount 是否大于 4，此处演示的状况是放置 4 个产品，即表示已满载，需要更换暂存盒以及其他的复位操作，如计数 nCount、满载信号等
          nCount:=1;
    !计数复位，将 nCount 赋值为 1

```
            Set do34_BufferFull;
```
!输出暂存盒满载信号,以提示操作员或周边设备更换暂存装置

```
            MoveJ pHome,vEmptyMax,fine,tGripper;
```
!机器人移至 Home 点,此处可根据实际情况来设置机器人的动作,例如若是多工位放置,那么机器人可继续去其他的放置工位进行产品的放置任务

```
            WaitDI di00_BufferReady,0;
```
!等待暂存装置到位信号变为 0,即满载的暂存装置已被取走

```
            Reset do34_BufferFull;
```
!满载的暂存装置被取走后,则复位暂存装置满载信号

```
        ENDIF
      ENDIF
ENDPROC


PROC rCalculatePos()
```
!计算位置子程序

```
TEST nCount
```
!检测当前计数 nCount 的数值

```
    CASE 1:
            pPlace:=offs(pPlaceBase,0,0,0);
```
!若 nCount 为 1,则利用 Offs 指令,以 pPlaceBase 为基准点,在坐标系 WobjBuffer 中沿着 X、Y、Z 方向偏移相应的数值,此处 pPalceBase 点就是第一个放置位置,所以 X、Y、Z 偏移值均为 0,也可直接写成:pPlace:=pPlaceBase;

```
    CASE 2:
            pPlace:=offs(pPlaceBase,nXoffset,0,0);
```
!若 nCount 为 2,如图 2-9 中所示,位置 2 相对于放置基准点 pPalceBase 点只是在 X 正方向偏移了一个产品间隔(PERS num nXoffset: =145; PERS num nYoffset: =148;),由于程序是在工件坐标系 WobjBuffer 下进行放置动作,所以这里所涉及的 X、Y、Z 方向均指的是 WobjBuffer 坐标系方向

```
    CASE 3:
            pPlace:=offs(pPlaceBase,0,nYoffset,0);
```
!若 nCount 为 3,如图 2-9 中所示,位置 3 相对于放置基准点 pPalceBase 点只是在 Y 正方向偏移了一个产品间隔(PERS num nXoffset: =145; PERS num nYoffset: =148;)

```
    CASE 4:
            pPlace:=offs(pPlaceBase,nXoffset,nXoffset,0);
```
! 若 nCount 为 4,如图 2-9 中所示,位置 4 相对于放置基准点 pPalceBase 点在 X、Y 正方向各偏移了一个产品间隔(PERS num nXoffset: =145; PERS num nYoffset: =148;)

```
        DEFAULT:
            TPERASE;
            TPWRITE "The CountNumber is error,please check it!";
            STOP;
```
　　!若 nCount 数值不为 Case 中所列的数值，则视为计数出错，写屏提示错误信息，并利用 Stop 指令停止程序循环
```
        ENDTEST
    ENDPROC
```

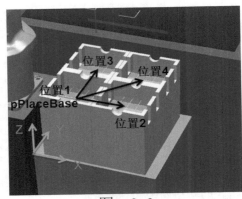

图　2-9

```
    PROC rCheckHomePos()
```
　　　　!检测是否在 Home 点程序
```
    VAR robtarget pActualPos;
```
　　　　!定义一个目标点数据　pActualPos
```
    IF NOT CurrentPos(pHome,tGripper) THEN
```
　　　　!调用功能程序 CurrentPos。此为一个布尔量型的功能程序，括号里面的参数分别指的是所要比较的目标点以及使用的工具数据。这里写入的是 pHome，是将当前机器人位置与 pHome 点进行比较，若在 Home 点，则此布尔量为 True；若不在 Home 点，则为 False。在此功能程序的前面加上一个 NOT，则表示当机器人不在 Home 点时才会执行 IF 判断中机器人返回 Home 点的动作指令
```
        pActualpos:=CRobT(\Tool:=tGripper\WObj:=wobj0);
```
　　　　!利用 CRobT 功能读取当前机器人目标位置并赋值给目标点数据 pActualpos
```
        pActualpos.trans.z:=pHome.trans.z;
```
　　　　!将 pHome 点的 Z 值赋给 pActualpos 点的 Z 值
```
        MoveL pActualpos,v100,z10,tGripper;
```
　　　　　!移至已被赋值后的 pActualpos 点
```
        MoveL pHome,v100,fine,tGripper;
```
　　　　!移至 pHome 点，上述指令的目的是需要先将机器人提升至与 pHome 点一样的高度，之后再平移至 pHome 点，这样可以简单地规划一条安全回 Home 点的轨迹
```
    ENDIF
    ENDPROC
    FUNC bool CurrentPos(robtarget ComparePos,INOUT tooldata TCP)
```
　　　　!检测目标点功能程序，带有两个参数，比较目标点和所使用的工具数据

```
VAR num Counter:=0;
        !定义数字型数据 Counter
VAR robtarget ActualPos;
        !定义目标点数据 ActualPos
ActualPos:=CRobT(\Tool:=tGripper\WObj:=wobj0);
        !利用 CRobT 功能读取当前机器人目标位置并赋值给 ActualPos
    IF              ActualPos.trans.x>ComparePos.trans.x-25              AND
ActualPos.trans.x<ComparePos.trans.x+25 Counter:=Counter+1;
    IF              ActualPos.trans.y>ComparePos.trans.y-25              AND
ActualPos.trans.y<ComparePos.trans.y+25 Counter:=Counter+1;
    IF              ActualPos.trans.z>ComparePos.trans.z-25              AND
ActualPos.trans.z<ComparePos.trans.z+25 Counter:=Counter+1;
    IF              ActualPos.rot.q1>ComparePos.rot.q1-0.1              AND
ActualPos.rot.q1<ComparePos.rot.q1+0.1 Counter:=Counter+1;
    IF              ActualPos.rot.q2>ComparePos.rot.q2-0.1              AND
ActualPos.rot.q2<ComparePos.rot.q2+0.1 Counter:=Counter+1;
    IF              ActualPos.rot.q3>ComparePos.rot.q3-0.1              AND
ActualPos.rot.q3<ComparePos.rot.q3+0.1 Counter:=Counter+1;
    IF              ActualPos.rot.q4>ComparePos.rot.q4-0.1              AND
ActualPos.rot.q4<ComparePos.rot.q4+0.1 Counter:=Counter+1;
```

!将当前机器人所在目标位置数据与给定目标点位置数据进行比较，共七项数值，分别是 X、Y、Z 坐标值以及工具姿态数据 q1、q2、q3、q4 里面的偏差值，如 X、Y、Z 坐标偏差值 "25" 可根据实际情况进行调整。每项比较结果成立，则计数 Counter 加 1，七项全部满足的话，则 Counter 数值为 7

```
    RETURN Counter=7;
        !返回判断式结果，若 Counter 为 7，则返回 TRUE，若不为 7，则返回 FALSE
ENDFUNC
PROC rMoveAbsj()
    MoveAbsj jposHome\NoEOffs, v100, fine, tGripper\WObj:=wobj0;
        !利用 MoveAbsj 移至机器人各关节轴零位位置
ENDPROC
PROC rModPos()
        !示教目标点程序
MoveL pPick,v10,fine,tGripper\WObj:=WobjCNV;
        !示教拾取点 pPick，在工件坐标系 WobjCNV 下
MoveL pPlaceBase,v10,fine,tGripper\WObj:=WobjBuffer;
        ! 示教放置基准点 pPlaceBase，在工件坐标系 WobjBuffer 下
MoveL pHome,v10,fine,tGripper;
        ! 示教 Home 点 pHome，在工件坐标系 Wobj0 下
ENDPROC
ENDMOUDLE
```

2.4.11 程序修改

根据实际情况，若需要在此程序基础上做适应性的修改，可以采取基本的方式，即通过示教器的程序编辑器进行修改，也可以利用 RobotStudio 的 RAPID 编辑器功能①直接对程序文本进行编辑，后者更为方便快捷，下面对后者进行相关介绍。

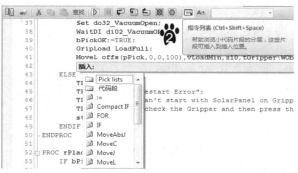

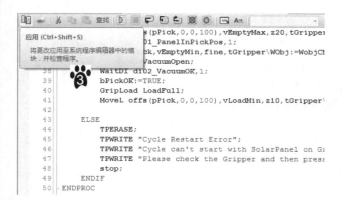

在"离线"菜单中，左侧"离线"窗口中依次展开 SituationalTeaching_Carry—RAPID—T_ROB1—程序模块，双击需要打开的程序模块 MainMoudle，即可对该模块进行文本编辑。

在 RAPID 编辑器中可以进行添加、复制、粘贴、删除等常规文本编辑操作。若对 RAPID 指令不太熟练，可单击编辑器工具栏中的"指令列表"，选择所需添加的指令，同时有语法提示，便于程序语言编辑。

编辑完成之后，单击编辑器工具栏左上角的"应用"，即可将所做修改同步至控制系统中。
①通过 RAPID 编辑器对程序进行编辑的详细操作可参考 http://www.robotpartner.cn 网上教学视频中关于 RAPID 编辑器的说明。

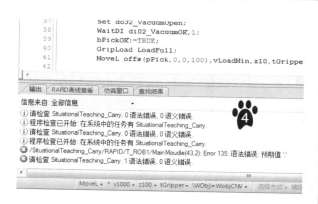

```
37      Set do32_VacuumOpen;
38      WaitDI di02_VacuumOK,1;
39      bPickOK:=TRUE;
40      GripLoad LoadFull;
41      MoveL offs(pPick,0,0,100),vLoadMin,z10,tGrippe
42
```

| 输出 | RAPID离线查看 | 仿真窗口 | 查找结果 |

信息来自: 全部信息

ⓘ 请检查 SituationalTeaching_Carry. 0 语法错误. 0 语义错误.
ⓘ 程序检查已开始: 在系统中的任务有 SituationalTeaching_Carry.
ⓘ 请检查 SituationalTeaching_Carry. 0 语法错误. 0 语义错误.
ⓘ 程序检查已开始: 在系统中的任务有 SituationalTeaching_Carry.
⊗ /Situational Teaching_Carry/RAPID/T_ROB1/MainMoudle(43,2): Error 135: 语法错误: 预期值 ':'.
⊗ 请检查 SituationalTeaching_Carry. 1 语法错误. 0 语义错误.

| MoveL ▪ | * v1000 ▪ | z100 ▪ | tGripper ▪ | \WObj:=WobjCNV ▪ | 运程方式 ▪ | 捕捉 |

2.4.12　示教目标点

在本工作站中，需要示教三个目标点，分别为太阳能薄板拾取点 pPick，如图 2-10 所示；放置基准点 pPlaceBase，如图 2-11 所示；程序起始点 pHome，如图 2-12 所示。

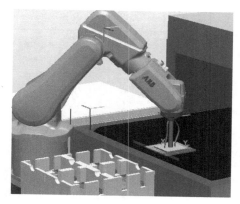

图　2-10

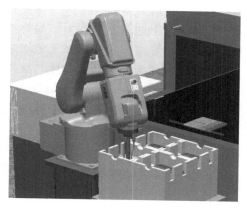

图　2-11

4

单击"应用"之后，在编辑器下面的"输出"提示窗口会显示程序检查信息，根据错误提示对文本进行修改，直至无语法语义错误。

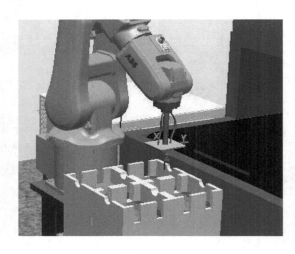

图 2-12

在 RAPID 程序模板中包含一个专门用于手动示教目标点①的子程序 rModPos，在虚拟示教器中，进入"程序编辑器"，将指针移动至该子程序，之后通过虚拟示教器操纵机器人依次移动至拾取点 pPick、放置基准点 pPlaceBase、程序起始点 pHome，并通过修改位置将其记录下来。

示教目标点完成之后，即可进行仿真操作②，查看一下工作站的整个工作流程。

将机器人移动至目标点位置后，选中需要修改的目标点或整条语句，单击"修改位置"，即可对该目标点进行修改。

①通过示教器示教目标点的详细内容可参考由机械工业出版社出版的《工业机器人实操与应用技巧》或 http://www..robotpartner.cn 网上教学视频中关于示教目标点的说明。

②仿真操作详细内容可参考 http://www.robotpartner.cn 网上教学视频中于 RobotStudio 仿真操作的说明。

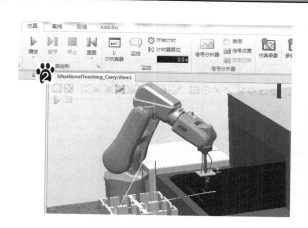

2.5 知识拓展

2.5.1 LoadIdentify：载荷测定服务例行程序[①]

在机器人系统中已预定义了数个服务例行程序，如 SMB 电池节能、自动测定载荷等。

其中，LoadIdentify 可以测定工具载荷和有效载荷。可确认的数据是质量、重心和转动惯量。与已确认数据一同提供的还有测量精度，该精度可以表明测定的进展情况。

在本案例中，由于工具及搬运工件结构简单，并且对称，所以可以直接通过手工测量的方法测出工具及工件的载荷数据，但若所用夹具或搬运工件较为复杂，不便于手工测量，则可使用此服务例行程序来自动测量出工具载荷或有效载荷。示例如图 2-13 所示。

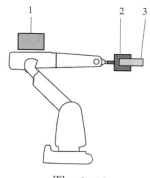

图 2-13

1—上臂载荷　2—工具载荷　3—工件载荷

单击"仿真"菜单中的"播放"按钮。

笔记：

_____

_____

_____

_____

_____

_____

_____

_____

_____

_____

_____

_____

_____

_____

_____

_____

_____

_____

_____

_____

_____

_____

[①]载荷测定服务例行程序详细内容可参考 http://www.robotpartner.cn 网上教学视频中关于载荷测定服务例行程序的说明。

2.5.2 数字 I/O 信号设置参数介绍

参 数 名 称	参 数 说 明
Name	信号名称（必设）
Type of signal	信号类型（必设）
Assigned to unit	连接到的 I/O 单元（必设）
Signal Identification lable	信号标签，为信号添加标签，便于查看。例如将信号标签与接线端子上标签设为一致，如 Conn. X4、Pin 1
Unit Mapping	占用 I/O 单元的地址（必设）
Category	信号类别，为信号设置分类标签，当信号数量较多时，通过类别过滤，便于分类别查看信号
Access Level	写入权限 ReadOnly：各客户端均无写入权限，只读状态 Default：可通过指令写入或本地客户端（如示教器）在手动模式下写入 All：各客户端在各模式下均有写入权限
Default Value	默认值，系统启动时其信号默认值
Filter Time Passive	失效过滤时间（ms），防止信号干扰，如设置为1000，则当信号置为 0，持续 1s 后才视为该信号已置为 0（限于输入信号）
Filter Time Active	激活过滤时间（ms），防止信号干扰，如设置为1000，则当信号置为 1，持续 1s 后才视为该信号已置为 1（限于输入信号）
Signal value at system failure and power fail	断电保持，当系统错误或断电时是否保持当前信号状态（限于输出信号）
Store signal Value at Power Fail	当重启时是否将该信号恢复为断电前的状态（限于输出信号）
Invert Physical Value	信号置反

笔记：

2.5.3　系统输入/输出

系 统 输 入	说　　明
Motor On	电动机上电
Motor On and Start	电动机上电并启动运行
Motor　Off	电动机下电
Load and Start	加载程序并启动运行
Interrupt	中断触发
Start	启动运行
Start at Main	从主程序启动运行
Stop	暂停
Quick Stop	快速停止
Soft Stop	软停止
Stop at End fo Cycle	在循环结束后停止
Stop at End of Instruction	在指令运行结束后停止
Reset Execution Error Signal	报警复位
Reset Emergency Stop	急停复位
System Restart	重启系统
Load	加载程序文件，适用后，之前适用 Load 加载的程序文件将被清除
Backup	系统备份

系 统 输 出	说　　明
Auto On	自动运行状态
Backup Error	备份错误报警
Backup in Progress	系统备份进行中状态，当备份结束或错误时信号复位
Cycle On	程序运行状态
Emergency Stop	紧急停止
Execution Error	运行错误报警
Mechanical Unit Active	激活机械单元
Mechanical Unit Not Moving	机械单元没有运行
Motor Off	电动机下电

笔记：

系 统 输 出	说　　明
Motor On	电动机上电
Motor Off State	电动机下电状态
Motor On State	电动机上电状态
Motion Supervision On	动作监控打开状态
Motion Supervision Triggered	当碰撞检测被触发时信号置位
Path Return Region Error	返回路径失败状态，机器人当前位置离程序位置太远导致
Power Fail Error	动力供应失效状态，机器人断电后无法从当前位置运行
Production Execution Error	程序执行错误报警
Run Chain OK	运行链处于正常状态
Simulated I/O	虚拟 I/O 状态，有 I/O 信号处于虚拟状态
Task Executing	任务运行状态
TCP Speed	TCP 速度，用模拟输出信号反映机器人当前实际速度
TCP Speed Reference	TCP 速度参考状态，用模拟输出信号反映机器人当前指令中的速度

（续）

注意： 以上的系统输入/输出信号参数是基于 ROBOTWARE5.14.03 的。新 ROBOTWARE 版本的系统输入/输出信号参数可能会有所变化。

2.5.4　限制关节轴运动范围[①]

在某些特殊情况下，因为工作环境或控制的需要，要对机器人关节轴的运动范围进行限定。具体操作步骤如下：

笔记：

①限制关节轴运动范围详细内容可参考 http://www.robotpartner.cn 网上教学视频中关于限制关节轴运动范围的说明。

依次单击 ABB—控制面板—配置,之后单击"主题",选择"Motion"。

单击"Arm"。

这里,对关节轴 1 进行设定。单击"rob1_1"。

参数"Upper Joint Bound"和"Lower Joint Bound"分别指的关节轴正负方向最大转动角度,单位为 rad(1rad 约为 57.3°)。通过修改这两项参数来修改此关节轴的运动范围,修改后需要重新启动才会生效。此种型号机器人的两项数据默认值分别为 2.87979rad 和-2.87979rad,转换成度数即为+165°和-165°。

2.5.5 奇异点管理[1]

当机器人关节轴 5 角度为 0°，同时关节轴 4 和关节轴 6 是一样时，则机器人处于奇异点。

当在设计夹具及工作站布局时，应尽量避免机器人运动轨迹进入奇异点的可能。

在编程时，也可以使用 SingArea 这个指令去让机器人自动规划当前轨迹经过奇异点时的插补方式。如：

SingArea\Wrist；允许轻微改变工具的姿态，以便通过奇异点

SingArea\Off；关闭自动插补

2.6 思考与练习

➤ 练习搬运常用 I/O 配置。
➤ 练习工具数据、工件坐标数据、有效载荷数据的程序数据创建。
➤ 练习目标点示教操作。
➤ 请总结程序调试的详细过程。
➤ 尝试搬运程序的编写。

[1] 奇异点管理详细内容可参考 http://www.robotpartner.cn 网上教学视频中关于奇异点管理的介绍。

第3章

工业机器人典型应用——码垛

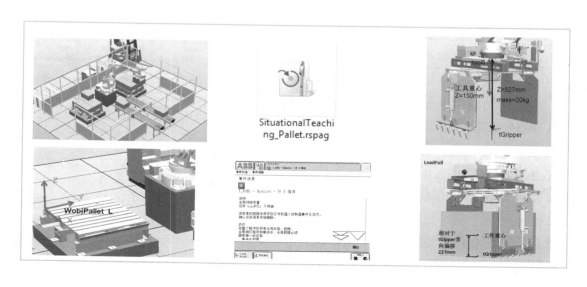

3.1 任务目标

- ➤ 了解工业机器人码垛工作站布局。
- ➤ 学会码垛常用 I/O 配置。
- ➤ 学会中断程序的运用。
- ➤ 学会准确触发动作的应用。
- ➤ 学会多工位码垛程序编写。
- ➤ 学会码垛节拍优化技巧。

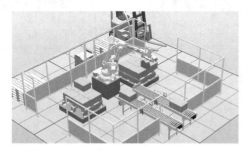

3.2 任务描述

本工作站以纸箱码垛为例，采用 ABB 公司 IRB460[①] 机器人完成双工位码垛任务，即两条产品输入线、两个产品输出位。

本工作站中已经设定虚拟码垛相关的动作效果，包括产品流动、夹具动作以及产品拾放等，大家只需在此工作站中依次完成 I/O 配置、程序数据创建、目标点示教、程序编写及调试，即可完成整个码垛工作站的码垛任务。通过本章的学习，大家可以熟悉工业机器人的码垛应用，学会工业机器人多工位码垛程序的编写技巧。

ABB 拥有全套先进的码垛机器人解决方案，包括全系列的紧凑型 4 轴码垛机器人，例如 IRB260、IRB460、IRB660、IRB760，以及 ABB 标准码垛夹具，例如夹板式夹具、吸盘式夹具、夹爪式夹具、托盘夹具等，其

① ABB 推出的一款全球最快的码垛机器人，IRB 460 的操作节拍最高可达 2190 次循环/h，是生产线末端进行码垛作业的理想之选。该机器人到达距离为 2.4m，与类似条件下的竞争产品相比，占地面积节省 20%，而运行速度则快了 15%。

笔记：

广泛应用于化工、建材、饮料、食品等各行业生产线物料、货物的堆放等。

3.3　知识储备

3.3.1　轴配置监控指令

ConfL[①]：指定机器人在线性运动及圆弧运动过程中是否严格遵循程序中已设定的轴配置参数。在默认情况下，轴配置监控是打开的，当关闭轴配置监控后，机器人在运动过程中采取最接近当前轴配置数据的配置到达指定目标点。

例如：目标点 p10 中，数据[1,0,1,0]就是此目标点的轴配置数据：

```
    CONST  robtarget
p10 :=[[*,*,*],[*,*,*,*],[1,0,1,0],[9E9,9E9,9
E9,9E9,9E9,9E9]];

ConfL \Off;
MoveL p10, v1000, fine, tool0;
```

机器人自动匹配一组最接近当前各关节轴姿态的轴配置数据移动至目标点 p10，到达 p10 时，轴配置数据不一定为程序中指定的[1，0，1，0]。

在某些应用场合，如离线编程创建目标点或手动示教相邻两目标点间轴配置数据相差较大时，在机器人运动过程中容易出现报警"轴配置错误"而造成停机。此种情况下，若对轴配置要求较高，则一般通过添加中间过渡点；若对轴配置要求不高，则可通过指令 ConfL\Off 关闭轴监控，使机器人自动匹配可行的轴配置来到达指定目标点。

笔记：

① ConfJ 用法与 ConfL 相同，只不过前者为关节线性运动过程中的轴监控开关，影响的是 MoveJ；而后者为线性运动过程中的轴监控开关，影响的是 MoveL。

3.3.2 计时指令

在机器人运动过程中，经常需要利用计时功能来计算当前机器人的运行节拍，并通过写屏指令显示相关信息。

下面以一个完整的计时案例来学习关于计时并显示计时信息的综合运用。程序如下：

```
VAR clock clock1;
    !定义时钟数据 clock1
VAR num CycleTime;
    !定义数字型数据 CycleTime，用于存储时间数值
ClkReset clock1;
    !时钟复位
ClkStart clock1;
    !开始计时
…
    !机器人运动指令等
ClkStop clock1;
    !停止计时
CycleTime :=ClkRead(clock1);
    !读取时钟当前数值，并赋值给 Cycle Time
TPErase;
    !清屏
TPWrite "The Last CycleTime is "\Num:= CycleTime ;
    !写屏，在示教器屏幕上显示节拍信息，假设当前数值 CycleTime 为 10，则示教器屏幕上最终显示信息为"The Last CycleTime is 10"
```

3.3.3 动作触发指令

TriggL： 在线性运动过程中，在指定位置准确的触发事件，如置位输出信号、激活中断等。可以定义多种类型的触发事件，如 TriggI/O（触发信号）、TriggEquip（触发装置动作）、TriggInt（触发中断）等。

下面以触发装置动作（图 3-1）类型为例（在准确的位置，触发机器人夹具的动作通常采用此种类型的触发事件）说明，程序如下：

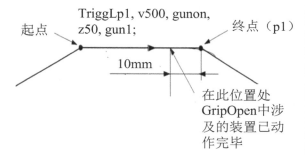

图 3-1

VAR triggdata GripOpen;
　!定义触发数据 GripOpen
　TriggEquip GripOpen, 10, 0.1
\DOp:=doGripOn, 1;①

!定义触发事件 GripOpen，在距离指定目标点前 10mm 处，并提前 0.1s（用于抵消设备动作延迟时间）触发指定事件：将数字输出信号 doGripOn 置为 1

　TriggL p1, v500, GripOpen, z50, tGripper;
!执行 TriggL，调用触发事件 GripOpen，即机器人 TCP 在朝向 p1 运动过程中，在距离 p1 前 10mm 处，并且再提前 0.1 秒，则将 doGripOn 置为 1

例如，为提高节拍时间，在控制吸盘夹具动作过程中，吸取产品时需要提前打开真空，在放置产品时需要提前释放真空，为了能够准确地触发吸盘夹具的动作，通常采用 TriggL 指令来对其进行控制。

笔记：

①如果在触发距离后面添加可选参变量\Start，则触发距离的参考点不再是终点，而是起点。例如：
TriggEquip GripOpen, 10\Start, 0.1
\DOp:=doGripOn, 1;

TriggL p1, v500, GripOpen, z50, tGripper;

则当机器人 TCP 朝向 p1 运动过程中，离开起点后 10mm 处，并且提前 0.1s 触发 GripOpen 事件

3.3.4 数组的应用

在定义程序数据时，可以将同种类型、同种用途的数值存放在同一个数据中，当调用该数据时需要写明索引号来指定调用的是该数据中的哪个数值，这就是所谓的数组。在 RAPID 中，可以定义一维数组、二维数组以及三维数组。

例如，一维数组：

```
VAR num num1{3}:=[5, 7, 9];
  !定义一维数组 num1
num2:=num1{2};
  !num2 被赋值为 7
```

例如，二维数组：

```
VAR num num1{3,4}:=[[1,2,3,4]
                    [5,6,7,8]
                    [9,10,11,12]];
  !定义二维数组 num1
  num2:=num1{3,2};
  !num2 被赋值为 10
```

在程序编写过程中，当需要调用大量的同种类型、同种用途的数据时，创建数据时可以利用数组来存放这些数据，这样便于在编程过程中对其进行灵活调用。甚至在大量 I/O 信号调用过程中，也可以先将 I/O 进行别名的操作，即将 I/O 信号与信号数据关联起来，之后将这些信号数据定义为数组类型，在程序编写中便于对同种类型、同种用途的信号进行调用。

3.3.5 什么是中断程序[①]

在程序执行过程中，如果发生需要紧急处理的情况，这时就要中断当前程序的执行，马上跳转到专门的程序中对紧急情

笔记：

① ISleep：使中断监控失效，在失效期间，该中断程序不会被触发。例如：

ISleep   intno1；

与之对应的指令为

IWatch：激活中断监控，系统启动后默认为激活状态，只要中断条件满足，即会触发中断。例如：

IWatch   intno1；

况进行相应处理，处理结束后返回中断的地方继续往下执行程序。专门用来处理紧急情况的专门程序称作中断程序（TRAP），例如：

VAR intnum intno1;
　!定义中断数据 intno1
IDelete intno1;
　!取消当前中断符 intno1 的连接，预防误触发
CONNECT intno1 WITH tTrap;
　!将中断符与中断程序 tTrap 连接
ISignalDI di1,1, intno1;[①]
　!定义触发条件，即当数字输入信号 di1
　为 1 时，触发该中断程序

TRAP　tTrap
reg1:=reg1+1;
ENDTRAP

不需要在程序中对该中断程序进行调用，定义触发条件的语句一般放在初始化程序中，当程序启动运行完该定义触发条件的指令一次后，则进入中断监控。当数字输入信号 di1 变为 1 时，则机器人立即执行 tTrap 中的程序，运行完成之后，指针返回触发该中断的程序位置继续往下执行。

3.3.6　复杂程序数据赋值

多数类型的程序数据均是组合型数据，即里面包含了多项数值或字符串。可以对其中的任何一项参数进行赋值。

例如常见的目标点数据：

PERS　robtarget
p10 :=[[0,0,0],[1,0,0,0],[0,0,0,0],[9E9,9E9,9E9,9E9,9E9,9E9]];

①若在 ISignalDI 后面加上可选参变量\Single，则该中断只会在 di1 信号第一次置 1 时触发相应的中断程序，后续则不再继续触发。

PERS   robtarget
p20 :=[[100,0,0],[0,0,1,0],[1,0,1,0],[9E9,9E9,9E9,
9E9,9E9,9E9]];

目标点数据里面包含了四组数据①，从前往后依次为 TCP 位置数据[100，0，0]（trans）、TCP 姿态数据[0，0，1，0]（rot）、轴配置数据[1，0，1，0]（robconf）和外部轴数据（extax），可以分别对该数据的各项数值进行操作，如：

p10.trans.x:=p20.trans.x+50;

p10.trans.y:=p20.trans.y-50;

p10.trans.z:=p20.trans.z+100;

p10.rot:=p20.rot;

p10.robconf:=p20.robconf;

赋值后则 p10 为

PERS   robtarget
p10 :=[[150,-50,100],[0,0,1,0],[1,0,1,0],[9E9,9E9,
9E9,9E9,9E9,9E9]];

3.4   任务实施

3.4.1   工作站解包

找到已下载的工作站压缩包文件 SituationalTeaching_Pallet.rspag，如图 3-2 所示，参考 2.4.1 节中的操作方法，将其进行解压的操作。

SituationalTeaching_Pallet.rspag

图   3-2

笔记：

①关于程序数据的数据结构可参考随机光盘手册中关于程序数据介绍的章节，然后根据其中的介绍对该数据中的某一项数值单独进行处理。

3.4.2　创建备份并执行 I 启动

　　现有工作站中已包含创建好的参数以及 RAPID 程序。从零开始练习建立工作站的配置工作，需要先将此系统做一备份，之后执行 I 启动，将机器人系统恢复到出厂初始状态。

　　创建备份：

　　执行 I 启动：

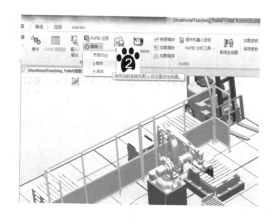

3.4.3　配置 I/O 单元

　　在虚拟示教器中，根据以下的参数配置 I/O 单元。

在"离线"菜单中，单击"备份"，选择"创建备份"，将此工作站备份并储存到指定的文件夹。备份文件夹名称不能有中文字符。

在"离线"菜单中，单击"重启"，选择"I 启动"，将当前系统恢复至出厂设置。

Name	Type of unit	ConnectedTo bus	DeviceNet address
Board10	D652	DeviceNet1	10

注：参数注释见 17 页。

3.4.4 配置 I/O 信号

在虚拟示教器中，根据以下的参数配置 I/O 信号。

Name	Type of signal	Assigned to unit	Unit Mapping	I/O 信号注释
di00_BoxInPos_L	Digital Input	Board10	0	左侧输入线产品到位信号
di01_BoxInPos_R	Digital Input	Board10	1	右侧输入线产品到位信号
di02_PalletInPos_L	Digital Input	Board10	2	左侧码盘到位信号
di03_PalletInPos_R	Digital Input	Board10	3	右侧码盘到位信号
do00_ClampAct	Digital Output	Board10	0	控制夹板
do01_HookAct	Digital Output	Board10	1	控制钩爪
do02_PalletFull_L	Digital Output	Board10	2	左侧码盘满载信号
do03_PalletFull_R	Digital Output	Board10	3	右侧码盘满载信号
di07_MotorOn	Digital Input	Board10	7	电动机上电（系统输入）
di08_Start	Digital Input	Board10	8	程序开始执行（系统输入）
di09_Stop	Digital Input	Board10	9	程序停止执行（系统输入）
di10_StartAtMain	Digital Input	Board10	10	从主程序开始执行（系统输入）
di11_EstopReset	Digital Input	Board10	11	急停复位（系统输入）
do05_AutoOn	Digital Output	Board10	5	电动机上电状态（系统输出）
do06_Estop	Digital Output	Board10	6	急停状态（系统输出）

（续）

Name	Type of signal	Assigned to unit	Unit Mapping	I/O 信号注释
do07_CycleOn	Digital Output	Board10	7	程序正在运行（系统输出）
do08_Error	Digital Output	Board10	8	程序报错（系统输出）

注：参数注释见 17 页。

3.4.5 配置系统输入/输出

在虚拟示教器中，根据以下的参数配置系统输入/输出信号。

Type	Signal name	Action/Status	Argument	注 释
System Input	di07_MotorOn	Motors On	无	电动机上电
System Input	di08_Start	Start	Continuous	程序开始执行
System Input	di09_Stop	Stop	无	程序停止执行
System Input	di10_StartAtMain	Start at Main	Continuous	从主程序开始执行
System Input	di11_EstopReset	Reset Emergency stop	无	急停复位
System Output	do05_AutoOn	Auto On	无	电动机上电状态
System Output	do06_Estop	Emergency Stop	无	急停状态
System Output	do07_CycleOn	Cycle On	无	程序正在运行
System Output	do08_Error	Execution error	T_ROB1	程序报错

3.4.6 创建工具数据

在虚拟示教器中，根据以下的参数设定工具数据[①]tGripper。

参 数 名 称	参 数 数 值
robothold	TRUE
trans	
X	0
Y	0
Z	527
rot	
q1	1
q2	0
q3	0
q4	0
mass	20
cog	
X	0
Y	0
Z	150
其余参数均为默认值	

示例如图 3-3 所示。

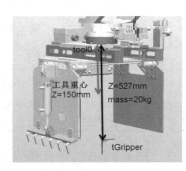

图 3-3

3.4.7 创建工件坐标系数据

本工作站中，工件坐标系均采用用户三点法创建。

在虚拟示教器中，根据图 3-4、图 3-5 所示的位置设定工件坐标。

左边托盘工件坐标系 WobjPallet_L 如图 3-4 所示。

① 关于程序数据声明可参考第 2 章中对应的相关内容。并且在加载程序模板之前仍需要执行删除这些数据，以防止发生数据冲突。

笔记：

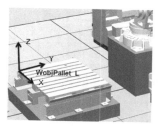

图　3-4

右边托盘工件坐标系 WobjPallet_R 如图 3-5 所示。

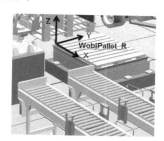

图　3-5

3.4.8　创建载荷数据

在虚拟示教器中，根据以下的参数设定载荷数据 LoadFull。

参　数　名　称	参　数　数　值
mass	20
cog	
X	0
Y	0
Z	227
其余参数均为默认值	

示例如图 3-6 所示。

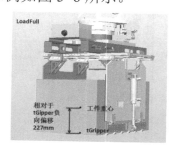

图　3-6

3.4.9 导入程序模板

之前创建的备份文件中包含了本工作站的 RAPID 程序模板,可以将其直接导入该机器人系统中,之后在其基础上做相应修改,并重新示教目标点,学习程序编写过程。

注意:若导入程序模板时,提示工具数据、工件坐标数据和有效载荷数据命名不明确,则在手动操纵画面将之前设定的数据删除,再进行导入程序模板的操作,如图 3-7 所示。

图　3-7

具体步骤如下:

在"离线"菜单中单击"加载模块"。5.15 版本的"加载模块",请参考 12 页的说明。

浏览至前面所创建的备份文件夹：

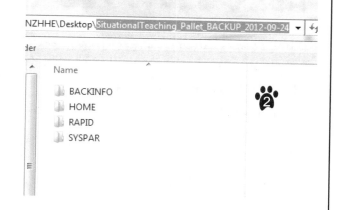

浏览至前面 3.4.2 节中所创建的备份文件夹。

依次打开文件夹"RAPID"—"TASK1"—"PROGMOD"，找到程序模块"MainMoudle"。

单击"Open"按钮。

之后跳出"同步到工作站"选项框

在系统名称"Situational Teaching_Pallet"前打勾（即勾选全部选项）。

单击"确定"按钮。

3.4.10　程序注解

本工作站要实现的动作是，采用 IRB460 机器人完成双工位码垛任务，即两条产品输入线、两个产品输出位。在熟悉了此 RAPID 程序后，可以根据实际的需要在此程序的基础上做适用性的修改，以满足实际逻辑与动作的控制。

以下是实现机器人逻辑和动作控制的 RAPID 程序。

```
MODULE MainMoudle
    PERS wobjdata
    WobjPallet_L:=[FALSE,TRUE,"",[[-456.216,-2058.49,-233.373],
[1,0,0,0]],[[0,0,0],[1,0,0,0]]];
            !定义左侧码盘工件坐标系WobjPallet_L
    PERS wobjdata
    WobjPallet_R:=[FALSE,TRUE,"",[[-421.764,1102.39,-233.373],
[1,0,0,0]],[[0,0,0],[1,0,0,0]]];
            !定义右侧码盘工件坐标系WobjPallet_R
    PERS tooldata tGripper:=[TRUE,[[0,0,527],[1,0,0,0]],[20,[0,0,150],[1,0,0,0],0,0,0]];
            !定义工具坐标系数据tGripper
    PERS loaddata LoadFull:=[20,[0,0,227],[1,0,0,0],0,0,0.1];
            !定义有效载荷数据LoadFull
PERS wobjdata CurWobj;
        !定义工件坐标系数据CurWobj，此工件坐标系作为当前使用坐标系。即当在左侧
码垛时，将左侧码盘坐标系WobjPallet_L赋值给该数据；当在右侧码垛时，则将WobjPallet_R
赋值给该数据
    PERS jointtarget jposHome:=[[0,0,0,0,0,0],[9E+09,9E+09,9E+09,9E+09,9E+09,9E+09]];
        !定义关节目标点数据，各关节轴数值为0，用于手动将机器人运动至各关节轴机械
零位
    CONST robtarget pPlaceBase0_L:=[[*,*,*],[*,*,*,*],[-2,0,-3,0],[9E9,9E9,9E9,9E9,9E9,9E9]];
    CONST robtarget pPlaceBase90_L:=[[*,*,*],[*,*,*,*],[-2,0,-2,0],[9E9,9E9,9E9,9E9,9E9,9E9]];
    CONST robtarget pPlaceBase0_R:=[ [*,*,*],[*,*,*,*],[1,0,0,0],[9E9,9E9,9E9,9E9,9E9,9E9]];
    CONST robtarget pPlaceBase90_R:=[ [*,*,*],[*,*,*,*],[1,0,1,0],[9E9,9E9,9E9,9E9,9E9,9E9]];
    CONST robtarget pPick_L:=[ [*,*,*],[*,*,*,*],[-1,0,-2,0],[9E9,9E9,9E9,9E9,9E9,9E9]];
    CONST robtarget pPick_R:=[ [*,*,*],[*,*,*,*],[0,0,-1,0],[9E9,9E9,9E9,9E9,9E9,9E9]];
    CONST robtarget pHome:=[ [*,*,*],[*,*,*,*],[0,0,-2,0],[9E9,9E9,9E9,9E9,9E9,9E9]];
```

位置点说明如下。

位　置　点	说　　明
pPlaceBase0_L	左侧不旋转放置基准位置
pPlaceBase90_L	左侧旋转90°放置基准位置
pPlaceBase0_R	右侧不旋转放置基准位置
pPlaceBase90_R	右侧旋转90°放置基准位置
pPick_L	左侧抓取位置
pPick_R	右侧抓取位置
pHome	程序起始点，即Home点

　　PERS robtarget pPlaceBase0;

　　PERS robtarget pPlaceBase90;

　　PERS robtarget pPick;

　　PERS robtarget pPlace;

　　!定义目标点数据，这些数据是机器人当前使用的目标点。当在左侧、右侧码垛时，将对应的左侧、右侧基准目标点赋值给这些数据

　　PERS robtarget pPickSafe;

　　!机器人将产品抓取后需提升至一定的安全高度，才能向码垛位置移动，随着摆放位置逐层加高，此数据在程序中会被赋予不同的数值，以防止机器人与码放好的产品发生碰撞

　　PERS num nCycleTime:=4.165;

　　!定义数字型数据，用于存储单次节拍时间

　　PERS num nCount_L:=1;

　　PERS num nCount_R:=1;

　　!定义数字型数据，分别用于左侧、右侧码垛计数，在计算位置子程序中根据该计数计算出相应的放置位置

　　PERS num nPallet:=1;

　　!定义数字型数据，利用TEST指令判断此数值，从而决定执行哪侧的码垛任务，1为左侧，2为右侧

　　PERS num nPalletNo:=1;

　　!定义数字型数据，利用TEST指令判断此数值，从而决定执行哪侧码垛计数累计，1为左侧，2为右侧

　　PERS num nPickH:=300;

　　PERS num nPlaceH:=400;

　　!定义数字型数据，分别对应的是抓取、放置时的一个安全高度，例如nPickH:=300，则表示机器人快速移动至抓取位置上方300mm处，然后慢速移动至抓取位置，接着慢速将产品提升至抓取位置上方300mm处，最后再快速移动至其他位置

　　PERS num nBoxL:=605;

PERS num nBoxW:=405;

PERS num nBoxH:=300;

　　!定义三个数字型数据，分别对应的是产品的长、宽、高。在计算位置程序中，通过在放置基准点上面叠加长、宽、高数值计算出放置位置

VAR　clock Timer1;

　　!定义时钟数据，用于计时

PERS bool bReady:=FALSE;

　　!定义布尔量数据，作为主程序逻辑判断条件，当左右两侧有任何一侧满足码垛条件时，此布尔量均为TRUE，即机器人会执行码垛任务，否则该布尔量为FALSE，机器人会等待直至条件满足

PERS bool bPallet_L:=FALSE;

PERS bool bPallet_R:= FALSE;

　　!定义两个布尔量数据，当机器人在左侧码垛时，则bPallet_L为TRUE，bPallet_R为FALSE；当机器人在右侧码垛时，则相反

PERS bool bPalletFull_L:= FALSE;

PERS bool bPalletFull_R:= FALSE;

　　!定义两个布尔量数据，分别对应的是左侧、右侧码盘是否已满载

PERS bool bGetPosition:=FALSE;

　　!定义两个布尔量数据，判断是否已计算出当前取放位置

VAR triggdata HookAct;

VAR triggdata HookOff;

　　!定义两个触发数据，分别对应的是夹具上面钩爪收紧及松开动作

VAR intnum iPallet_L;

VAR intnum iPallet_R;

　　!定义两个中断符，对应左侧、右侧码盘更换时所需触发的相应复位操作，如满载信号复位等

PERS speeddata vMinEmpty:=[2000,400,6000,1000];

PERS speeddata vMidEmpty:=[3000,400,6000,1000];

PERS speeddata vMaxEmpty:=[5000,500,6000,1000];

PERS speeddata vMinLoad:=[1000,200,6000,1000];

PERS speeddata vMidLoad:=[2500,500,6000,1000];

PERS speeddata vMaxLoad:=[4000,500,6000,1000];

　　!定义多种速度数据，分别对应空载时高、中、低速，以及满载时的高、中、低速，便于对机器人的各个动作进行速度控制

PERS num Compensation{15,3}:=[[0,0,0],[0,0,0],[0,0,0],[0,0,0],[0,0,0],[0,0,0],[0,0,0],[0,0,0],
[0,0,0],[0,0,0],[0,0,0],[0,0,0],[0,0,0],[0,0,0],[0,0,0]];

　　!定义二维数组，用于各摆放位置的偏差调整；15组数据，对应15个摆放位置，每组数据3个数值，对应X、Y、Z的偏差值

```
PROC main()
    !主程序
rInitAll;
```
　　!调用初始化程序，包括复位信号、复位程序数据、初始化中断等
```
WHILE TRUE DO
```
　　!利用WHILE循环，将初始化程序隔离开，即只在第一次运行时需要执行一次初始化程序，之后循环执行拾取放置动作
```
IF bReady THEN
```
　　!利用IF条件判断，当左右两侧至少有一侧满足码垛条件时，判断条件bReady为TRUE，机器人则执行码垛任务
```
        rPick;
            !调用抓取程序
        rPlace;
         !调用放置程序
        ENDIF
rCycleCheck;
```
　　!调用循环检测程序，里面包含写屏显示循环时间、码垛个数、判断当前左右两侧状况等
```
        Wait Time 0.05；
```
　　! 循环等待时间，防止在不满足机器人动作条件的情况下程序执行进入无限循环状态，造成机器人控制器CPU过负荷
```
        ENDWHILE
        ENDPROC
        PROC rInitAll()
        !初始化程序
rCheckHomePos;
```
　　!调用检测Home点程序，若机器人在Home点，则直接执行后面的指令，否则机器人先安全返回Home点，然后再执行后面的指令
```
ConfL\OFF;
ConfJ\OFF;
    !关闭轴配置监控
```

```
nCount_L:=1;
nCount_R:=1;
        !初始化左右两侧码垛计数数据
nPallet:=1;
        !初始化两侧码垛任务标识，1为左侧，2为右侧
nPalletNo:=1;
        !初始化两侧码垛计数累计标识，1为左侧，2为右侧
bPalletFull_L:=FALSE;
bPalletFull_R:=FALSE;
        !初始化左右两侧码垛满载布尔量
bGetPosition:=FALSE;
        !初始化计算位置标识，FALSE为未完成计算，TRUE为已完成计算
Reset do00_ClampAct;
Reset do01_HookAct;
        !初始化夹具，夹板张开和钩爪松开
ClkStop Timer1;
        !停止时钟计时
ClkReset Timer1;
        !复位时钟
TriggEquip HookAct,100,0.1\DOp:=do01_HookAct,1;
        !定义触发事件：钩爪收紧。朝向指定目标点运动时提前100mm收紧钩爪，即将产
品钩住，提前动作时间为0.1s
TriggEquip HookOff,100\Start,0.1\DOp:=do01_HookAct,0;
        !定义触发事件：钩爪松开。距离之后加上可选参变量\Start，则表示在离开起点
100mm处松开钩爪，提前动作时间为0.1s
IDelete iPallet_L;
CONNECT iPallet_L WITH tEjectPallet_L;
ISignalDI di02_PalletInPos_L,0,iPallet_L;
        !中断初始化，当左侧满载码盘到位信号变为0时，即表示满载码盘被取走，则触发
中断程序iPallet_L，复位左侧满载信号、满载布尔量等
IDelete iPallet_R;
CONNECT iPallet_R WITH tEjectPallet_R;
```

ISignalDI di03_PalletInPos_R,0,iPallet_R;

　　!中断初始化，当右侧满载码盘单位信号变为0时，即表示满载码盘被取走，则触发中断程序iPallet_R，复位右侧满载信号、满载布尔量等

ENDPROC

PROC rPick()

　　!抓取程序

ClkReset Timer1;

　　!复位时钟

ClkStart Timer1;

　　!开始计时

rCalPosition;

　　!计算位置，包括抓取位置、抓取安全位置、放置位置等

MoveJ Offs(pPick,0,0,nPickH),vMaxEmpty,z50,tGripper\WObj:=wobj0;

　　!利用MoveJ移动至抓取位置正上方

MoveL pPick,vMinLoad,fine,tGripper\WObj:=wobj0;

　　!利用MoveL移动至抓取位置

Set do00_ClampAct;

　　!置位夹板信号，将夹板收紧，夹取产品

Waittime 0.3;

　　!预留夹具动作时间，以保证夹具已将产品夹紧，等待时间根据实际情况来调整其大小；若有夹紧反馈信号，则可利用WaitDI指令等待反馈信号变为1，从而替代固定的等待时间

GripLoad LoadFull;

　　!加载载荷数据

TriggL Offs(pPick,0,0,nPickH),vMinLoad,HookAct,z50,tGripper\WObj:=wobj0;

　　!利用TriggL移动至抓取正上方，并调用触发事件HookAct，即在距离到达点100mm处将钩爪收紧，防止产品在快速移动中掉落

MoveL pPickSafe,vMaxLoad,z100,tGripper\WObj:=wobj0;

　　!利用MoveL移动至抓取安全位置

ENDPROC

PROC rPlace()

　　!放置程序

MoveJ Offs(pPlace,0,0,nPlaceH),vMaxLoad,z50,tGripper\WObj:=CurWobj;

　　!利用MoveJ移动至放置位置正上方

TriggL pPlace,vMinLoad,HookOff,fine,tGripper\WObj:=CurWobj;

　　!利用TriggL移动至放置位置，并调用触发事件HookOff，即在离开放置位置正上方点位100mm后将钩爪放开

Reset do00_ClampAct;

!复位夹板信号，夹板松开，放下产品

Waittime 0.3;

　　!预留夹具动作时间，以保证夹具已将产品完全放下，等待时间根据实际情况调整其大小

GripLoad Load0;

　　!加载载荷数据Load0

MoveL Offs(pPlace,0,0,nPlaceH),vMinEmpty,z50,tGripper\WObj:=CurWobj;

　　!利用MoveL移动至放置位置正上方

rPlaceRD;

　　!调用放置计数程序，其中会执行计数加1操作，并判断当前码盘是否已满载

MoveJ pPickSafe,vMaxEmpty,z50,tGripper\WObj:=wobj0;

　　!利用MoveJ移动至抓取安全位置，以等待执行下一次循环

ClkStop Timer1;

　　!停止计时

nCycleTime:=ClkRead(Timer1);

　　!读取时钟数值，并赋值给nCycleTime

ENDPROC

PROC rCycleCheck()

　　!周期循环检查

TPErase;

TPWrite "The Robot is running!";

　　!示教器清屏，并显示当前机器人运行状态

TPWrite "Last cycletime is : "\Num:=nCycleTime;

　　!显示上次循环运行时间

TPWrite "The number of the Boxes in the Left pallet is:"\Num:=nCount_L-1;

TPWrite "The number of the Boxes in the Right pallet is:"\Num:=nCount_R-1;

　　　　　!显示当前左右码盘上面已摆放产品个数。由于nCount_L和nCount_R表示的是下
轮循环将要摆放的第多少个产品，此处显示的是码盘上已摆放的产品数，所以在当前计数数
值上面减去1

　　　IF (bPalletFull_L=FALSE AND di02_PalletInPos_L=1 AND di00_BoxInPos_L=1)　　OR
　　　(bPalletFull_R=FALSE AND di03_PalletInPos_R=1 AND di01_BoxInPos_R=1)　　THEN

　　　　　bReady:=TRUE;
　　ELSE
　　　　　bReady:=FALSE;

　　　!判断当前工作站状况，只要左右两侧有任何一侧满足码垛条件，则布尔量bReady
为TRUE，机器人继续执行码垛任务；否则布尔量bReady为FALSE，机器人则等待码垛条件
的满足

　　　ENDIF
　ENDPROC

PROC rCalPosition()
　　　　!计算位置程序
bGetPosition:=FALSE;
　　　　!复位完成计算位置标识
WHILE bGetPosition=FALSE DO
　　　　!若未完成计算位置，则重复执行WHILE循环
TEST nPallet
　　　　!利用TEST判断执行码垛检测标识的数值，1为左侧，2为右侧
CASE 1:
　　　　!若为1，则执行左侧检测
IF bPalletFull_L=FALSE AND di02_PalletInPos_L=1 AND di00_BoxInPos_L=1 THEN
　　　　!判断左侧是否满足码垛条件，若条件满足则将左侧的基准位置数值赋值给当前执
行位置数据
　　　pPick:=pPick_L;

!将左侧抓取目标点数据赋值给当前抓取目标点

pPlaceBase0:=pPlaceBase0_L;

pPlaceBase90:=pPlaceBase90_L;

!将左侧放置位置基准目标点数据赋值给当前放置位置基准点

CurWobj:=WobjPallet_L;

!将左侧码盘工件坐标系数据赋值给当前工件坐标系

pPlace:=pPattern(nCount_L);

!调用计算放置位置功能程序，同时写入左侧计数参数，从而计算出当前需要摆放的位置数据，并赋值给当前放置目标点

bGetPosition:=TRUE;

!已完成计算位置，则将完成计算位置标识置为TRUE

nPalletNo:=1;

!将码垛计数标识置为1，则后续会执行左侧码垛计算累计

ELSE

bGetPosition:=FALSE;

!若左侧不满足码垛任务，则完成计算位置标识置为FALSE，则程序会再次执行WHILE循环

ENDIF

nPallet:=2;

!将码垛检测标识置为2，则下次执行WHILE循环时检测右侧是否满足码垛条件

CASE 2:

!若为2，则执行右侧检测

IF bPalletFull_R=FALSE AND di03_PalletInPos_R=1 AND di01_BoxInPos_R=1 THEN

!判断右侧是否满足码垛条件，若条件满足，则将右侧的基准位置数值赋值给当前执行位置数据

pPick:=pPick_R;

!将右侧抓取目标点数据赋值给当前抓取目标点

pPlaceBase0:=pPlaceBase0_R;

pPlaceBase90:=pPlaceBase90_R;

!将右侧放置位置基准目标点数据赋值给当前放置位置基准点

CurWobj:=WobjPallet_R;

!将右侧码盘工件坐标系数据赋值给当前工件坐标系

```
            pPlace:=pPattern(nCount_R);
```
　　　　!调用计算放置位置功能程序，同时写入右侧计数参数，从而计算出当前需要摆放的位置数据，并赋值给当前放置目标点

```
            bGetPosition:=TRUE;
```
　　　　!已完成计算位置，则将完成计算位置标识置为TRUE

```
            nPalletNo:=2;
```
　　　　!将码垛计数标识置为2，则后续会执行右侧码垛计算累计

```
        ELSE
            bGetPosition:=FALSE;
```
　　　　!若右侧不满足码垛任务，则将完成计算位置标识置为FALSE，则程序会再次执行WHILE循环

```
        ENDIF
            nPallet:=1;
```
　　　　!将码垛检测标识置为1，则下次执行WHILE循环时检测左侧是否满足码垛条件

```
        DEFAULT:
            TPERASE;
            TPWRITE "The data 'nPallet' is error,please check it!";
            Stop;
```
　　　　!数据nPallet数值出错处理，提示操作员检查并停止运行

```
    ENDTEST
    ENDWHILE
```
　　　　!此种程序结构便于程序的扩展，假设在此两进两出的基础上改为四进四出，则可并列写入CASE 3和CASE 4。在CASE中切换nPallet的数值，是为了将各线体作为并列处理，则执行完左侧后，下次优先检测右侧，之后下次再优先检测左侧

```
    ENDPROC


FUNC robtarget pPattern (num nCount)
```
　　　　!计算摆放位置功能程序，调用时需写入计数参数，以区别计算左侧或右侧的摆放位置

```
    VAR robtarget pTarget;
```
　　　　!定义一个目标点数据，用于返回摆放目标点数据

```
IF nCount>=1 AND nCount<=5 THEN
```

```
                pPickSafe:=Offs(pPick,0,0,400);
        ELSEIF nCount>=6 AND nCount<=10 THEN
                pPickSafe:=Offs(pPick,0,0,600);
        ELSEIF nCount>=11 AND nCount<=15 THEN
                pPickSafe:=Offs(pPick,0,0,800);
        ENDIF
```

!利用IF判断当前码垛是第几层（本案例中每层堆放5个产品），根据判断结果来设置抓取安全位置，以保证机器人不会与已码垛产品发生碰撞，抓取安全高度设置由现场实际情况来调整。此案例中的安全位置是以抓取点为基准偏移出来的，在实际中也可单独去示教一个抓取后的安全目标点,同样也是根据码垛层数的增加而改变该安全目标点的位置

```
        TEST nCount
```

!判定计数nCount的数值，根据此数据的不同数值计算出不同摆放位置的目标点数据

```
        CASE 1:
                pTarget.trans.x:=pPlaceBase0.trans.x;
                pTarget.trans.y:=pPlaceBase0.trans.y;
                pTarget.trans.z:=pPlaceBase0.trans.z;
                    pTarget.rot:=pPlaceBase0.rot;
                pTarget.robconf:=pPlaceBase0.robconf;
                pTarget:=Offs(pTarget,Compensation{nCount,1},Compensation{nCount,2},
                                            Compensation{nCount,3});
```

!若为1，则放置在第一个摆放位置，以摆放基准目标点为基准，分别在X、Y、Z方向做相应偏移，同时指定TCP姿态数据、轴配置参数等。为方便对各个摆放位置进行微调，利用Offs功能在已计算好的摆放位置基础上沿着X、Y、Z再进行微调，其中调用的是已创建的数组Compensation，例如摆放第一个位置时nCount为1，则

```
        pTarget:=Offs(pTarget,Compensation{1,1},Compensation{1,2},Compensation{1,3});
```

如果发现第一个摆放位置向X负方向偏了5mm，则只需在程序数据数组Compensation中将第一组数中的第一个数设为5，即可对其X方向摆放位置进行微调。

摆放位置的算法如图 3-8 所示。例如，位置 1 与创建好的放置基准点 pPlaceBase0 重合，则直接将 pPlaceBase0 各项数据赋值给当前放置目标点；相对于 pPlaceBase0，位置 2 只是在 X 正方向偏移了一个产品长度，只需在 pPlaceBase0 目标点 X 数据上面加上一个产品长度即可；位置 3 则和 pPlaceBase90 重合，依次类推，则可计算出剩余的全部摆放位置。在码垛应用过程中，通常是奇数层跺型一致，偶数层跺型一致，这样只要算出第一层和第二层之后，第三层算位置时可直接复制第一层各项 CASE，然后在其基础上在 Z 轴正方向上面叠加相应的产品高度即可完成。第四层则直接复制第二层各项 CASE，然后在其基础上在 Z 轴正方向上面叠加相应的产品高度即可完成。以此类推，即可完成整个跺型的计算。

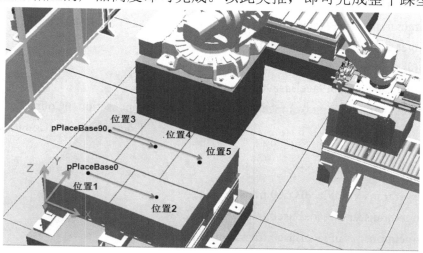

图　3-8

CASE 2:

    pTarget.trans.x:=pPlaceBase0.trans.x+nBoxL;
    pTarget.trans.y:=pPlaceBase0.trans.y;
    pTarget.trans.z:=pPlaceBase0.trans.z;
    pTarget.rot:=pPlaceBase0.rot;
    pTarget.robconf:=pPlaceBase0.robconf;
    pTarget:=Offs(pTarget,Compensation{nCount,1},Compensation{nCount,2},
                                        Compensation{nCount,3});

CASE 3:

    pTarget.trans.x:=pPlaceBase90.trans.x;
    pTarget.trans.y:=pPlaceBase90.trans.y;
    pTarget.trans.z:=pPlaceBase90.trans.z;
    pTarget.rot:=pPlaceBase90.rot;
    pTarget.robconf:=pPlaceBase90.robconf;
    pTarget:=Offs(pTarget,Compensation{nCount,1},Compensation{nCount,2},
                                        Compensation{nCount,3});

CASE 4:

```
pTarget.trans.x:=pPlaceBase90.trans.x+nBoxW;
pTarget.trans.y:=pPlaceBase90.trans.y;
pTarget.trans.z:=pPlaceBase90.trans.z;
pTarget.rot:=pPlaceBase90.rot;
pTarget.robconf:=pPlaceBase90.robconf;
pTarget:=Offs(pTarget,Compensation{nCount,1},Compensation{nCount,2},
                                        Compensation{nCount,3});
```

CASE 5:

```
pTarget.trans.x:=pPlaceBase90.trans.x+2*nBoxW;
pTarget.trans.y:=pPlaceBase90.trans.y;
pTarget.trans.z:=pPlaceBase90.trans.z;
pTarget.rot:=pPlaceBase90.rot;
pTarget.robconf:=pPlaceBase90.robconf;
pTarget:=Offs(pTarget,Compensation{nCount,1},Compensation{nCount,2},
                                        Compensation{nCount,3});
```

CASE 6:

```
pTarget.trans.x:=pPlaceBase0.trans.x;
pTarget.trans.y:=pPlaceBase0.trans.y+nBoxL;
pTarget.trans.z:=pPlaceBase0.trans.z+nBoxH;
pTarget.rot:=pPlaceBase0.rot;
pTarget.robconf:=pPlaceBase0.robconf;
pTarget:=Offs(pTarget,Compensation{nCount,1},Compensation{nCount,2},
                                        Compensation{nCount,3});
```

CASE 7:

```
pTarget.trans.x:=pPlaceBase0.trans.x+nBoxL;
pTarget.trans.y:=pPlaceBase0.trans.y+nBoxL;
pTarget.trans.z:=pPlaceBase0.trans.z+nBoxH;
pTarget.rot:=pPlaceBase0.rot;
pTarget.robconf:=pPlaceBase0.robconf;
pTarget:=Offs(pTarget,Compensation{nCount,1},Compensation{nCount,2},
                                        Compensation{nCount,3});
```

CASE 8:

```
pTarget.trans.x:=pPlaceBase90.trans.x;
```

pTarget.trans.y:=pPlaceBase90.trans.y-nBoxW;

pTarget.trans.z:=pPlaceBase90.trans.z+nBoxH;

pTarget.rot:=pPlaceBase90.rot;

pTarget.robconf:=pPlaceBase90.robconf;

pTarget:=Offs(pTarget,Compensation{nCount,1},Compensation{nCount,2},

Compensation{nCount,3});

CASE 9:

pTarget.trans.x:=pPlaceBase90.trans.x+nBoxW;

pTarget.trans.y:=pPlaceBase90.trans.y-nBoxW;

pTarget.trans.z:=pPlaceBase90.trans.z+nBoxH;

pTarget.rot:=pPlaceBase90.rot;

pTarget.robconf:=pPlaceBase90.robconf;

pTarget:=Offs(pTarget,Compensation{nCount,1},Compensation{nCount,2},

Compensation{nCount,3});

CASE 10:

pTarget.trans.x:=pPlaceBase90.trans.x+2*nBoxW;

pTarget.trans.y:=pPlaceBase90.trans.y-nBoxW;

pTarget.trans.z:=pPlaceBase90.trans.z+nBoxH;

pTarget.rot:=pPlaceBase90.rot;

pTarget.robconf:=pPlaceBase90.robconf;

pTarget:=Offs(pTarget,Compensation{nCount,1},Compensation{nCount,2},

Compensation{nCount,3});

CASE 11:

pTarget.trans.x:=pPlaceBase0.trans.x;

pTarget.trans.y:=pPlaceBase0.trans.y;

pTarget.trans.z:=pPlaceBase0.trans.z+2*nBoxH;

pTarget.rot:=pPlaceBase0.rot;

pTarget.robconf:=pPlaceBase0.robconf;

pTarget:=Offs(pTarget,Compensation{nCount,1},Compensation{nCount,2},

Compensation{nCount,3});

CASE 12:

pTarget.trans.x:=pPlaceBase0.trans.x+nBoxL;

pTarget.trans.y:=pPlaceBase0.trans.y;

```
        pTarget.trans.z:=pPlaceBase0.trans.z+2*nBoxH;

        pTarget.rot:=pPlaceBase0.rot;

        pTarget.robconf:=pPlaceBase0.robconf;

        pTarget:=Offs(pTarget,Compensation{nCount,1},Compensation{nCount,2},

                                        Compensation{nCount,3});
```

CASE 13:

```
        pTarget.trans.x:=pPlaceBase90.trans.x;

        pTarget.trans.y:=pPlaceBase90.trans.y;

        pTarget.trans.z:=pPlaceBase90.trans.z+2*nBoxH;

        pTarget.rot:=pPlaceBase90.rot;

        pTarget.robconf:=pPlaceBase90.robconf;

        pTarget:=Offs(pTarget,Compensation{nCount,1},Compensation{nCount,2},

                                        Compensation{nCount,3});
```

CASE 14:

```
        pTarget.trans.x:=pPlaceBase90.trans.x+nBoxW;

        pTarget.trans.y:=pPlaceBase90.trans.y;

        pTarget.trans.z:=pPlaceBase90.trans.z+2*nBoxH;

        pTarget.rot:=pPlaceBase90.rot;

        pTarget.robconf:=pPlaceBase90.robconf;

        pTarget:=Offs(pTarget,Compensation{nCount,1},Compensation{nCount,2},

                                        Compensation{nCount,3});
```

CASE 15:

```
        pTarget.trans.x:=pPlaceBase90.trans.x+2*nBoxW;

        pTarget.trans.y:=pPlaceBase90.trans.y;

        pTarget.trans.z:=pPlaceBase90.trans.z+2*nBoxH;

        pTarget.rot:=pPlaceBase90.rot;

        pTarget.robconf:=pPlaceBase90.robconf;

        pTarget:=Offs(pTarget,Compensation{nCount,1},Compensation{nCount,2},

                                        Compensation{nCount,3});
```

DEFAULT:

```
        TPErase;

        TPWrite "The counter is error,please check it !";

        stop;
```

!若当前 nCount 数值均非所列 CASE 中的数值，则视为计数出错，写屏显示信息，并停止程序运行

ENDTEST

Return pTarget;

!计算出放置位置后，将此位置数据返回，在其他程序中调用此功能后则算出当前所需的摆放位置数据

ENDFUNC

PROC rPlaceRD()

!码垛计数程序

TEST nPalletNo

!利用 TEST 判断执行哪侧码垛计数

CASE 1:

!若为 1，则执行左侧码垛计数

Incr nCount_L;

!左侧计数 nCount_L 加 1，其等同于：nCount_L:=nCount_L+1;

IF nCount_L>15 THEN

Set do02_PalletFull_L;

bPalletFull_L:=TRUE;

nCount_L:=1;

ENDIF

!判断左侧码盘是否已满载，本案例中码盘上面只摆放 15 个产品，则当计数数值大于 15，则视为满载，输出左侧码盘满载信号，将左侧满载布尔量置为 TRUE，并复位计数数据 nCount_L

CASE 2:

!若为 2，则执行右侧码垛计数

Incr nCount_R;

!右侧计数 nCount_R 加 1;

IF nCount_R>15 THEN

Set do03_PalletFull_R;

bPalletFull_R:=TRUE;

nCount_R:=1;

ENDIF

!判断右侧码盘是否已满载，本案例中码盘上面只摆放 15 个产品，则当计数数值大于 15，则视为满载，输出右侧码盘满载信号，将右侧满载布尔量置为 TRUE，并复位计数数据 nCount_R

DEFAULT:

TPERASE;

TPWRITE "The data 'nPalletNo' is error,please check it!";

Stop;

!数据 nPalletNo 数值出错处理，提示操作员检查并停止运行

ENDTEST

ENDPROC

PROC rCheckHomePos()

    !检测机器人是否在 Home 点程序

VAR robtarget pActualPos;

IF NOT CurrentPos(pHome,tGripper) THEN

    pActualpos:=CRobT(\Tool:=tGripper\WObj:=wobj0);

    pActualpos.trans.z:=pHome.trans.z;

    MoveL pActualpos,v500,z10,tGripper;

    MoveJ pHome,v1000,fine,tGripper;

    ENDIF

ENDPROC

关于检测当前机器人是否在 Home 点的程序，以及里面调用到的下面的比较目标点功能 CurrentPos，可参考搬运应用案例中的详细介绍

FUNC bool CurrentPos(robtarget ComparePos,INOUT tooldata TCP)

    !比较机器人当前位置是否在给定目标点偏差范围之内

VAR num Counter:=0;

VAR robtarget ActualPos;

ActualPos:=CRobT(\Tool:=tGripper\WObj:=wobj0);

    IF ActualPos.trans.x>ComparePos.trans.x-25 AND
ActualPos.trans.x<ComparePos.trans.x+25 Counter:=Counter+1;

    IF ActualPos.trans.y>ComparePos.trans.y-25 AND
ActualPos.trans.y<ComparePos.trans.y+25 Counter:=Counter+1;

    IF ActualPos.trans.z>ComparePos.trans.z-25 AND
ActualPos.trans.z<ComparePos.trans.z+25 Counter:=Counter+1;

    IF ActualPos.rot.q1>ComparePos.rot.q1-0.1 AND
ActualPos.rot.q1<ComparePos.rot.q1+0.1 Counter:=Counter+1;

    IF ActualPos.rot.q2>ComparePos.rot.q2-0.1 AND
ActualPos.rot.q2<ComparePos.rot.q2+0.1 Counter:=Counter+1;

    IF ActualPos.rot.q3>ComparePos.rot.q3-0.1 AND
ActualPos.rot.q3<ComparePos.rot.q3+0.1 Counter:=Counter+1;

    IF ActualPos.rot.q4>ComparePos.rot.q4-0.1 AND ActualPos.rot.q4<ComparePos.rot.q4+0.1
Counter:=Counter+1;

RETURN Counter=7;

ENDFUNC

TRAP tEjectPallet_L

!左侧码盘更换中断程序,当左侧码盘满载后会将满载信号置为1,同时将满载布尔量置为TRUE;当满载码盘被取走后,则利用此中断程序将满载输出信号复位,满载布尔量置为FALSE

　　　　Reset do02_PalletFull_L;
　　　　!左侧满载输出信号复位
　　　　bPalletFull_L:=FALSE;
　　　　!左侧满载布尔量置为 FALSE
　　　　ENDTRAP

　　　　TRAP tEjectPallet_R
　　　　!右侧码盘更换中断程序,同上
　　　　Reset do03_PalletFull_R;
　　　　bPalletFull_R:=FALSE;
　　　　ENDTRAP

　　　　PROC rMoveAbsj()
　　　　　　MoveAbsJ jposHome\NoEOffs, v100, fine, tGripper\WObj:=wobj0;
　　　　!手动执行该程序,将机器人移动至各关节轴机械零位,在程序运行过程中不被调用
　　　　ENDPROC

　　　　PROC rModPos()
　　　　!专门用于手动示教关键目标点的程序
　　　　　　MoveL pHome,v100, fine,tGripper\WObj:=Wobj0;
　　　　!示教 Home 点,在工件坐标系 Wobj0 中示教
　　　　　　MoveL pPick_L,v100, fine,tGripper\WObj:=Wobj0;
　　　　!示教左侧产品抓取位置,在工件坐标系 Wobj0 中示教
　　　　　　MoveL pPick_R,v100, fine,tGripper\WObj:=Wobj0;
　　　　!示教右侧产品抓取位置,在工件坐标系 Wobj0 中示教
　　　　　　MoveL pPlaceBase0_L,v100, fine,tGripper\WObj:=WobjPallet_L;
　　　　!示教左侧放置基准点(不旋转),在工件坐标系 WobjPallet_L 中示教
　　　　　　MoveL pPlaceBase90_L,v100, fine,tGripper\WObj:=WobjPallet_L;
　　　　!示教左侧放置基准点(旋转90°),在工件坐标系 WobjPallet_L 中示教
　　　　　　MoveL pPlaceBase0_R,v100,fine,tGripper\WObj:=WobjPallet_R;
　　　　!示教右侧放置基准点(不旋转),在工件坐标系 WobjPallet_R 中示教
　　　　　　MoveL pPlaceBase90_R,v100,fine,tGripper\WObj:=WobjPallet_R;
　　　　!示教右侧放置基准点(旋转90°),在工件坐标系 WobjPallet_R 中示教
　　　　ENDPROC
　　　　ENDMODULE

工业机器人典型应用案例精析

3.4.11 示教目标点

在本工作站中，需要示教七个目标点，如图3-9～图3-15所示。

Home 点 pHome 如图3-9所示。

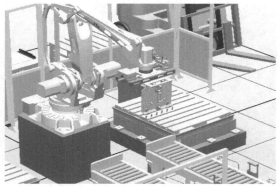

图 3-9

左侧抓取点 pPick_L 如图3-10所示。

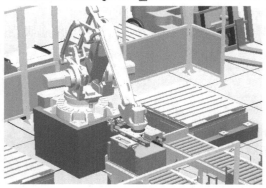

图 3-10

右侧抓取点 pPick_R 如图3-11所示。

图 3-11

笔记：

左侧不旋转放置点 pPlaceBase0_L 如图 3-12 所示。

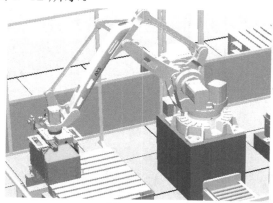

图　3-12

左侧旋转 90°放置点 pPlaceBase90_L 如图 3-13 所示。

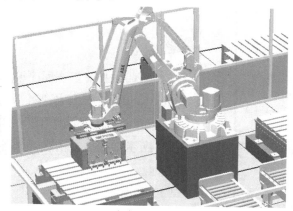

图　3-13

右侧不旋转放置点 pPlaceBase0_R 如图 3-14 所示。

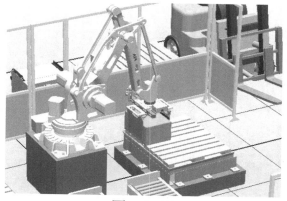

图　3-14

笔记：

右侧旋转 90° 放置点 pPlaceBase90_R 如图 3-15 所示。

图　3-15

在 RAPID 程序模板中包含一个专门用于手动示教目标点的子程序 rModPos。

依次进入 ABB 菜单—程序编辑器—MainMoudle—例行程序，浏览至"rModPos"，之后按照图 3-10～图 3-15 所示中的位置依次示教各基准目标点。

示教目标点完成之后，在"仿真"菜单中单击"I/O 仿真器"。

在"仿真"菜单中，单击"I/O 仿真器"，则右侧会跳出"I/O 仿真器"菜单。

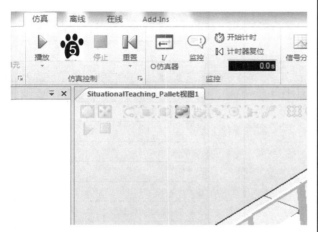

在实际的码垛应用过程中，若遇到类似的码垛工作站，可以在此程序模板基础上做相应的修改，导入真实机器人系统中后执行目标点示教即可快速完成程序编写工作。

🐾❸

选择系统"StuationalTeaching_Pallet"。

🐾❹

将信号 di02_PalletInPos_L 和 di03_PalletInPos_R 置为 1，其仿真的是左右两侧托盘已到位。

🐾❺

单击"仿真"菜单中的"播放"按钮。

🐾❻

在"I/O 仿真器"栏中，将"选择系统"更改为"工作站信号"，此处有 diStart_L 和 diStart_R 两个信号。这里仿真的是左右两侧输送链开启按钮。diStart_L 和 diStart_R 分别代表左右输入线启动开关，单击"diStart_L"即开启左侧输入线，单击"diStart_R"即开启右侧输入线。（注：此信号只可单击一次，重复单击会出现仿真错误。）

3.5 知识拓展

3.5.1 I/O 信号别名操作

在实际应用中，可以将 I/O 信号进行别名处理，即将 I/O 信号与信号数据作关联，在程序应用过程中直接对信号数据作处理。

例如：

VAR signaldo a_do1;

　　!定义一个 signaldo 数据

PROC InitAll()

　　AliasIO do1, a_do1;[①]

　　!将真实 I/O 信号 do1 与信号数据 a_do1 作别名关联

　　ENDPROC

PROC rMove()

　　Set a_do1;

　　!在程序中即可直接对 a_do1 进行操作

　　ENDPROC

在实际应用过程中，I/O 信号别名处理常见应用：

1）有一典型的程序模板可以应用到各种类似的项目中去，由于各个工作站中的 I/O 信号名称可能不一致，在程序模板中全部调用信号数据，这样在应对某一项目时，只需将程序中的信号数据与该项目中机器人的实际 I/O 信号作别名关联，则无需再更改程序中关于信号的语句。

2）真实的 I/O 信号是不能用做数组的，可以将 I/O 信号进行别名处理，将对应的信号数据定义为数组类型，这样便于程序编写。

①I/O 信号必须提前在 I/O 配置中定义，程序中需要运行 I/O 别名语句之后才能建立关联，所以别名语句通常写在初始化程序中，或通过事件例行程序 EventRoutine 将别名处理语句在机器人启动时自动执行一次。

关于事件例行程序 EventRoutine 的使用方法可登录http://www.robotpa-rtner.cn，查看网上教学视频中关于事件例行程序 EventRoutine 的相关内容。

例如：

```
    VAR signaldi diInPos{4};
PROC InitAll()
    AliasIO diInPos_1, diInPos{1};
    AliasIO diInPos_2, diInPos{2};
    AliasIO diInPos_3, diInPos{3};
    AliasIO diInPos_4, diInPos{4};
ENDPROC
```

则在程序中可以直接对信号数据 diInPos{}进行处理。

3.5.2　利用数组存储码垛位置

对于一些常见的码垛跺型，可以利用数组来存放各个摆放位置数据，在放置程序中直接调用该数据即可。

下面以一个简单的例子来介绍此种用法，如图 3-16 所示，这里只摆放 5 个位置。

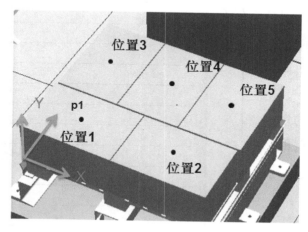

图　3-16

只需示教一个基准位置 p1 点。

之后创建一个数组，用于存储 5 个摆放位置数据：

PERS num nPosition{5,4}:=[[0,0,0,0],[600,0,0,0],
[-100,500,0,-90],[300,500,0,-90],[700,500,0,-90]];

!该数组中共有 5 组数据，分别对应 5 个摆放位置；每组数据中有 4 项数值，分别代表 X、Y、Z 偏移值以及旋转度数。该数组中的各项数值只需按照几何算法算出各摆放位置相对于基准点 p1 的 X、Y、Z 偏移值以及旋转度数（此例子中产品长为 600mm，宽为 400mm）

PERS num nCount:=1;
!定义数字型数据，用于产品计数

PROC rPlace()
……
MoveL RelTool (p1, nPosition{nCount,1},
nPosition{ nCount,2},nPosition{nCount,3}\
Rz:= nPosition{nCount,4}),V1000,fine,tGripper\
WobjPallet_L;
……
ENDPROC

调用该数组时，第一项索引号为产品计数 nCount，利用 RelTool 功能将数组中每组数据的各项数值分别叠加到 X、Y、Z 偏移，以及绕着工具 Z 轴方向旋转的度数之上，即可较为简单地实现码垛位置的计算。

3.5.3 带参数例行程序

在编写例行程序时，可以附带参数。

下面以一个简单的画正方形的程序为例来对此进行介绍。程序如下：

笔记：

```
PROC rDraw_Square (robotarget pStart, num nSize)
    MoveL pStart, v100, fine, tool1;
    MoveL Offs(pStart,nSize,0,0), v100, fine, tool1;
    MoveL Offs(pStart,nSize, -nSize,0), v100, fine,
tool1;
    MoveL Offs(pStart,0, -nSize,0), v100, fine, tool1;
    MoveL pStart, v100, fine, tool1;
ENDPROC
```

在调用此带参数的例行程序时，需要输入一个目标点作为正方形的顶点，同时还需要输入一个数字型数据作为正方形的边长。

```
PROC rDraw()
    rDraw_Square   p10,100;
ENDPROC
```

在程序中，调用画正方形程序，同时输入顶点 p10、边长 100，则机器人 TCP 会完成如图 3-17 所示轨迹。

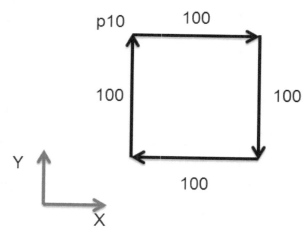

图　3-17

3.5.4　码垛节拍优化技巧

在码垛过程中，最为关注的是每一个运行周期的节拍。在码垛程序中，通常可以在以下几个方面进行节拍的优化。

1）在机器人运行轨迹过程中，经常会

笔记：

有一些中间过渡点，即在该位置机器人不会具体触发事件，例如拾取正上方位置点、放置正上方位置点、绕开障碍物而设置的一些位置点，在运动至这些位置点时应将转弯半径设置得相应大一些，这样可以减少机器人在转角时的速度衰减，同时也可使机器人运行轨迹更加圆滑。

例如：在拾取放置动作过程中（图3-18），机器人在拾取和放置之前需要先移动至其正上方处，之后竖直上下对工件进行拾取放置动作。

图　3-18

程序如下：

```
MoveJ pPrePick,vEmptyMax,z50,tGripper;
MoveL pPick,vEmptyMin,fine,tGripper;
Set doGripper;
… …
MoveJ pPrePlace,vLoadMax,z50,tGripper;
MoveL pPlace,vLoadMin,fine,tGripper;
Reset doGripper;
… …
```

在机器人 TCP 运动至 pPrePick 和 pPrePlace 点位的运动指令中写入转弯半径 z50，这样机器人可在此两点处以半径为 50mm 的轨迹圆滑过渡，速度衰减较小。在满足轨迹要求的前提下，转弯半径越大，运动轨迹越圆滑。但在 pPick 和 pPlace 点位处需要置位夹具动作，所以一般情况下使用 fine，即完全到达该目标点处再置位夹具。

2）善于运用 Trigg 触发指令，即要求

笔记：

机器人在准确的位置触发事件，例如真空夹具的提前开真空、释放真空，带钩爪夹具对应钩爪的控制均可采用触发指令，这样能够在保证机器人速度不衰减的情况下在准确的位置触发相应的事件。

例如：在真空吸盘式夹具对产品进行拾取过程中，一般情况下，拾取前需要提前打开真空，这样可以减少拾取过程的时间，在此案例中，机器人需要在拾取位置前 20mm 处将真空完全打开，夹具动作延迟时间为 0.1s，如图 3-19 所示。

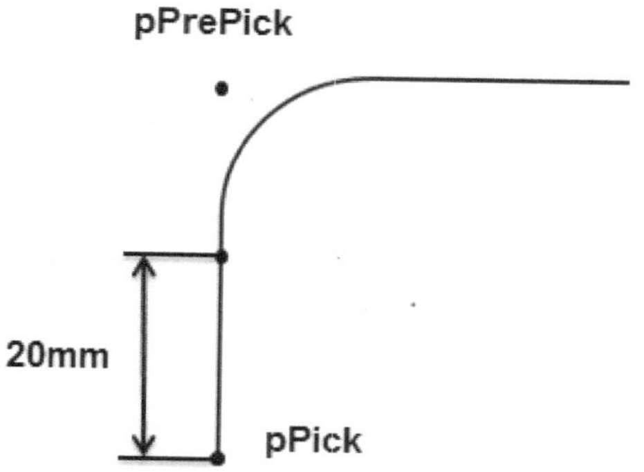

pPrePick

20mm

pPick

图　3-19

程序如下：

```
VAR triggdata VacuumOpen;
… …
MoveJ pPrePick,vEmptyMax,z50,tGripper;
TriggEquip VacuumOpen, 20, 0.1
\DOp:=doVacuumOpen, 1;
    TriggL pPick, vEmptyMin, VacuumOpen,
fine, tGripper;
… …
```

这样，当机器人 TCP 运动至拾取点位 pPick 之前 20mm 处已将真空完全打开，这样可以快速地在工件表面产生真空，从而将产品拾取，减少了拾取过程的时间。

3）程序中尽量少使用 Waittime 固定等待时间指令，可在夹具上面添设反馈信号，

笔记：

利用 WaitDI 指令，当等待到条件满足则立即执行。

例如：在夹取产品时，一般预留夹具动作时间，设置等待时间过长则降低节拍，过短则可能夹具未运动到位。若用固定的等待时间 Waittime，则不容易控制，也可能增加节拍。此时若利用 WaitDI 监控夹具到位反馈信号，则可便于对夹具动作的监控及控制。

在图 3-18 的例子中，程序如下：

```
MoveL pPick,vEmptyMin,fine,tGripper;
Set doGripper;
(Waittime 0.3;)
WaitDI diGripClose,1;
      … …
MoveL pPlace,vLoadMin,fine,tGripper;
Reset doGripper;
(Waittime 0.3;)
WaitDI diGripOpen,1;
      … …
```

在置位夹具动作时，若没有夹具动作到位信号 diGripOpen 和 diGripClose，则需要强制预留夹具动作时间 0.3s。这样既不容易对夹具进行控制，也容易浪费时间，所以建议在夹具端配置动作到位检测开关，之后利用 WaitDI 指令监控夹具动作到位信号。

4）在某些运行轨迹中，机器人的运行速度设置过大则容易触发过载报警。在整体满足机器人载荷能力要求的前提下，此种情况多是由于未正确设置夹具重量和重心偏移，以及产品重量和重心偏移所致。此时需要重新设置该项数据，若夹具或产品形状复杂，可调用例行程序 LoadIdentify，让机器人自动测算重量和重心偏移；同时

笔记：

也可利用 AccSet 指令来修改机器人的加速度，在易触发过载报警的轨迹之前利用此指令降低加速度，过后再将加速度加大。

例如：

```
… …
MoveL pPick,vEmptyMin,fine,tGripper;
Set doGripper;
WaitDI diGripClose,1;
AccSet 70,70;

… …
MoveL pPlace,vLoadMin,fine,tGripper;
Reset doGripper;
WaitDI diGripOpen,1;
AccSet 100,100;

… …
```

在机器人有负载的情况下利用 AccSet 指令将加速度减小，在机器人空载时再将加速度加大，这样可以减少过载报警。

5）在运行轨迹中通常会添加一些中间过渡点以保证机器人能够绕开障碍物。在保证轨迹安全的前提下，应尽量减少中间过渡点的选取，删除没有必要的过渡点，这样机器人的速度才可能提高。如果两个目标点之间离的较近，则机器人还未加速至指令中所写速度，则就开始减速，这种情况下机器人指令中写的速度即使再大，也不会明显提高机器人的实际运行速度。

例如：机器人从 pPick 点运动至 pPlace 点（图 3-20）时需要绕开中间障碍物，需要添加中间过渡点，此时应在保证不发生碰撞的前提下尽量减少中间过渡点的个数，规划中间过渡点的位置，否则点位过于密集，不易提升机器人的运行速度。

笔记：

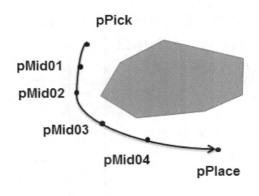

图 3-20

6）整个机器人码垛系统要合理布局，使取件点及放件点尽可能靠近；优化夹具设计，尽可能减少夹具开合时间，并减轻夹具重量；尽可能缩短机器人上下运动的距离；对不需保持直线运动的场合，用 MoveJ 代替 MoveL 指令（需事先低速测试，以保证机器人运动过程中不与外部设备发生干涉）。

3.6　思考与练习

➢　练习设定码垛常用 I/O 配置。

➢　练习中断程序的设定过程。

➢　练习准确触发动作指令 Trigg 的应用。

➢　尝试多工位码垛程序的编写。

➢　请总结码垛节拍优化技巧。

第 *4* 章

工业机器人典型应用——弧焊

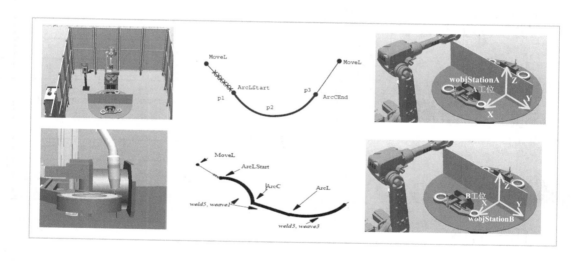

4.1 任务目标

➤ 了解工业机器人弧焊工作站布局。

➤ 学会弧焊常用 I/O 配置。

➤ 学会弧焊常用参数配置。

➤ 学会弧焊软件设定。

➤ 学会弧焊程序数据创建。

➤ 学会弧焊目标点示教。

➤ 学会弧焊程序调试。

➤ 学会常用弧焊程序编写。

➤ 学会 Torch Services 应用。

4.2 任务描述

本工作站以汽车配件机器人焊接为例，使用 IRB2600[①]机器人双工位工作站实现产品的焊接工作，通过本章的学习，能够学会 ABB 机器人弧焊的基础知识，包括 I/O 配置、参数设置、程序编写和调试等内容。

随着汽车、军工及重工等行业的飞速发展，这些行业中的三维钣金零部件的焊接加工呈现小批量化、多样化的趋势。工业机器人和焊接电源所组成的机器人自动

① "锋芒一代（Sharp Generation）" 机器人第 2 种型号 IRB 2600 携增强创新功能问世。该机型机身紧凑，荷重能力强，设计优化，适合弧焊、物料搬运、上下料等应用。提供 3 种子型号，可灵活选择落地、壁挂、支架、斜置、倒置等安装方式。

笔记：

化焊接系统，能够自由、灵活地实现各种复杂三维曲线加工轨迹，并且能够把员工从恶劣的工作环境中解放出来以从事更高附加值的工作。

与码垛、搬运等应用所不同的是，弧焊是基于连续工艺状态下的工业机器人应用，这对工业机器人提出了更高的要求。ABB 利用自身强大的研发实力开发了一系列的焊接技术，来满足市场的需求。所开发的 ArcWare 弧焊包可匹配当今市场大多数知名品牌的焊机，TrochServies 清枪系统和 PathRecovery（路径恢复）让机器人的工作更加智能化和自动化，SmartTac 探测系统则更好地解决了产品定位精度不足的问题。

4.3　知识储备

4.3.1　标准 I/O 板配置

ABB 标准 I/O 板下挂在 DeviceNet 总线上面，弧焊应用常用型号有 DSQC651（8个数字输入，8个数字输出，2个模拟输出），DSQC652（16个数字输入，16个数字输出）。在系统中配置标准 I/O 板，至少需要设置以下四项参数：

参 数 名 称	参 数 注 释
Name	I/O 单元名称
Type of Unit	I/O 单元类型
Connected to Bus	I/O 单元所在总线
DeviceNet Address	I/O 单元所占用总线地址

4.3.2　数字常用 I/O 配置[①]

在 I/O 单元上面创建一个数字 I/O 信号，至少需要设置以下四项参数：

笔记：

①弧焊常用 I/O 配置包括数字 I/O 和模拟 I/O，详细内容可参考由机械工业出版社出版的《工业机器人实操与应用技巧》或 http://www.robotpartner.cn 网上教学视频中关于 I/O 配置的说明。

参 数 名 称	参 数 注 释
Name	I/O 信号名称
Type of Signal	I/O 信号类型
Assigned to Unit	I/O 信号所在 I/O 单元
Unit Mapping	I/O 信号所占用单元地址

4.3.3 系统 I/O 配置[①]

系统输入：可以将数字输入信号与机器人系统的控制信号关联起来，通过输入信号对系统进行控制。例如电动机上电、程序启动等。

系统输出：机器人系统的状态信号也可以与数字输出信号关联起来，将系统的状态输出给外围设备作控制之用。例如系统运行模式、程序执行错误等。

4.3.4 虚拟 I/O 板及 I/O 配置

ABB 虚拟 I/O 板是下挂在虚拟总线 Virtual1 下面的，每一块虚拟 I/O 板可以配置 512 个数字输入和 512 个数字输出，输入和输出分别占用地址是 0～511。虚拟 I/O 的作用就如同 PLC 的中间继电器一样，起到信号之间的关联和过渡作用。在系统中配置虚拟 I/O 板，需要设定以下四项参数：

参 数 名 称	参 数 注 释
Name	I/O 单元名称
Type of Unit	I/O 单元类型
Connected to Bus	I/O 单元所在总线
DeviceNet Address	I/O 单元所占用总线地址

配置好虚拟 I/O 板后，配置 I/O 信号和标准 I/O 配置相同。

4.3.5 Cross Connection 配置

Cross Connection 是 ABB 机器人一项用于 I/O 信号"与，或，非"逻辑控制的功能。图 4-1 是"与"关系示例，只有当 di1、do2、do10 三个 I/O 信号都为 1 时才输出 do26。

①系统输入/输出配置包括数字 I/O 和模拟 I/O，详细内容可参考由机械工业出版社出版的《工业机器人实操与应用技巧》或 http://www.robotpartner.cn 网上教学视频中关于系统输入/输出配置的说明。

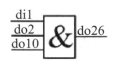

Resultant	Actor 1	Invert actor 1	Opera- tor 1	Actor 2	Invert actor 2	Opera- tor 2	Actor 3	Invert actor 3
do26	di1	No	AND	do2	No	AND	do10	No

图　4-1

Cross Connection 有以下三个条件限制：

➢ 一次最多只能生成 100 个。

➢ 条件部分一次最多只能 5 个。

➢ 深度最多只能 20 层。

4.3.6　I/O 信号和 ABB 弧焊软件的关联

可以将定义好的 I/O 信号与弧焊软件的相关端口进行关联，关联后弧焊系统会自动地处理关联好的信号。在进行弧焊程序编写与调试时，就可以通过弧焊专用的 RAPID 指令简单高效地对机器人进行弧焊连续工艺的控制。一般地，需要关联的信号如下：

I/O Name	Parameters Type	Parameters Name	I/O 信号注解
ao01Weld_REF	Arc Equipment Analogue Output	VoltReference	焊接电压控制模拟信号
ao02Feed_REF	Arc Equipment Analogue Output	CurrentReference	焊接电流控制模拟信号
do01WeldOn	Arc Equipment Digital Output	WeldOn	焊接启动数字信号
do02GasOn	Arc Equipment Digital Output	GasOn	打开保护气数字信号
do03FeedOn	Arc Equipment Digital Output	FeedOn	送丝信号
di01ArcEst	Arc Equipment Digital Intput	ArcEst	起弧检测信号
di02GasOK	Arc Equipment Digital Intput	WirefeedOk	送丝检测信号
di03FeedOK	Arc Equipment Digital Intput	GasOk	保护气检测信号

4.3.7　弧焊常用程序数据

在弧焊的连续工艺过程中，需要根据材质或焊缝的特性来调整焊接电压或电流的大小，或焊枪是否需要摆动、摆动的形式和幅度大小等参数。在弧焊机器人系统中用程序数据来控制这些变化的因素。需要设定的三个参数如下。

1．WeldData：焊接参数

焊接参数（WeldData）是用来控制在焊接过程中机器人的焊接速度，以及焊机输出的电压和电流的大小。需要设定的参数如下：

参 数 名 称	参 数 注 释
Weld_speed	焊接速度
Voltage	焊接电压
Current	焊接电流

2．SeamData：起弧收弧参数

起弧收弧参数（SeamData）是控制焊接开始前和结束后的吹保护气的时间长度，以保证焊接时的稳定性和焊缝的完整性。需要设定的参数如下：

参 数 名 称	参 数 注 释
Purge_time	清枪吹气时间
Preflow_time	预吹气时间
Postflow_time	尾气吹气时间

3．WeaveData：摆弧参数

摆弧参数（WeaveData）是控制机器人在焊接过程中焊枪的摆动，通常在焊缝的宽度超过焊丝直径较多的时候通过焊枪的摆动去填充焊缝。该参数属于可选项，如果焊缝宽度较小，在机器人线性焊接可以满足的情况下可不选用该参数。需要设定的参数如下：

笔记：

参 数 名 称	参 数 注 释
Weave_shape	摆动的形状
Weave_type	摆动的模式
Weave_length	一个周期前进的距离
Weave_width	摆动的宽度
Weave_height	摆动的高度

4.3.8　弧焊常用指令

任何焊接程序都必须以 ArcLStart 或者 ArcCStart 开始，通常运用 ArcLStart 作为起始语句；任何焊接过程都必须以 ArcLEnd 或者 ArcCEnd 结束；焊接中间点用 ArcL\ArcC 语句；焊接过程中不同语句可以使用不同的焊接参数（SeamData 和 WeldData）。

1．ArcLStart：线性焊接开始指令

ArcLStart 用于直线焊缝的焊接开始，工具中心点线性移动到指定目标位置，整个焊接过程通过参数监控和控制。程序如下：

ArcLStart　p1, v100, seam1, weld5, fine, gun1;

如图 4-2 所示，机器人线性运行到 p1 点起弧，焊接开始。

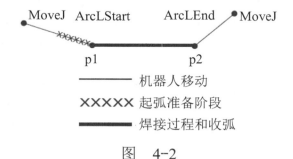

图　4-2

2．ArcL：线性焊接指令

ArcL 用于直线焊缝的焊接，工具中心点线性移动到指定目标位置，焊接过程通过参数控制。程序如下：

ArcL *, v100, seam1, weld5\Weave:=Weave1, z10, gun1

笔记：

如图 4-3 所示，机器人线性焊接的部分应使用 ArcL 指令。

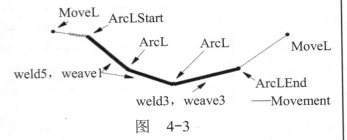

图 4-3

3．ArcLEnd：线性焊接结束指令

ArcLEnd 用于直线焊缝的焊接结束，工具中心点线性移动到指定目标位置，整个焊接过程通过参数监控和控制。程序如下：

ArcLEnd　p2, v100, seam1, weld5, fine, gun1;

如图 4-4 所示，机器人在 p2 点使用 ArcLEnd 指令结束焊接。

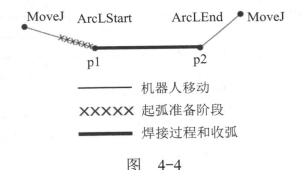

图 4-4

4．ArcCStart：圆弧焊接开始指令

ArcCStart 用于圆弧焊缝的焊接开始，工具中心点圆周运动到指定目标位置，整个焊接过程通过参数监控和控制。程序如下：

ArcCStart p1,p2, v100, seam1, weld5, fine, gun1；

执行以上指令，机器人圆弧运动到p2点，在 p2 点开始焊接。

5．ArcC：圆弧焊接指令

ArcC 用于圆弧焊缝的焊接，工具中心

点线性移动到指定目标位置，焊接过程通过参数控制。程序如下：

ArcC *，*, v100, seam1, weld1\Weave:=Weave1, z10, gun1;

如图 4-5 所示，机器人圆弧焊接的部分应使用 ArcC 指令。

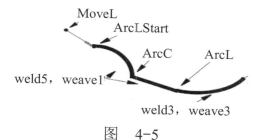

图　4-5

6．ArcCEnd：圆弧焊接结束指令

ArcCEnd 用于圆弧焊缝的焊接结束，工具中心点圆周运动到指定目标位置，整个焊接过程通过参数监控和控制。程序如下：

ArcCEnd　p2，p3, v100, seam1, weld5, fine, gun1;

如图 4-6 所示，机器人在 p3 点使用 ArcCEnd 指令结束焊接。

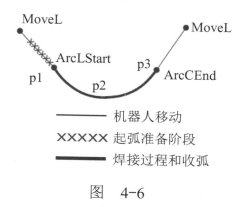

图　4-6

4.3.9　中断程序使用说明

中断程序是用来处理在自动生产过程

中的突发异常状况的一种机器人程序。中断程序通常可以由以下条件触发：

➢ 一个外部输入信号突然变为0或1。

➢ 一个设定的时间到达后。

➢ 机器人到达某一个指定位置。

➢ 当机器人发生某一个错误时。

当中断发生时，正在执行的机器人程序会被停止，相应的中断程序会被执行，当中断程序执行完毕后，机器人将回到原来被停止的程序继续执行。

常用的中断相关指令简介如下[①]：

指 令 名 称	指 令 注 释
CONNECT	中断连接指令，连接变量和中断程序
ISignalDI	数字输入信号中断触发指令
ISignalDO	数字输出信号中断触发指令
ISignalGI	组合输入信号中断触发指令
ISignalGO	组合输出信号中断触发指令
IDelete	删除中断连接指令
ISleep	中断休眠指令
IWatch	中断监控指令，与休眠指令配合使用
IEnable	中断生效指令
IDisable	中断失效指令，与生效指令配合使用

4.4 任务实施

4.4.1 工作站解包

SituationalTeachi
ng_Arc.rspag

① 中断发生在自动生产过程中的任何时间、地点，所以中断程序的编写需特别注意安全。如果在中断程序中需要有机器人运动指令的，则一定要确认当中断发生时该运动指令运行时不会和其他周边设备发生干涉。

双击工作站打包文件：
SituationalTeaching_Arc.rspag。

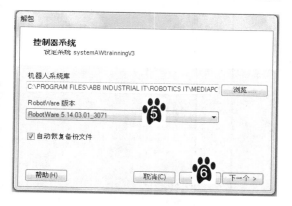

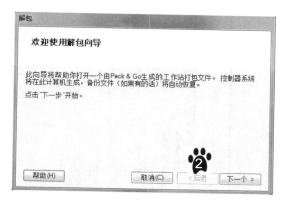

单击"下一个"按钮。

单击"浏览"按钮，选定解包后文件所存放的目录（自定义）。

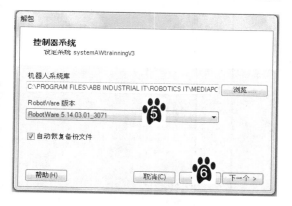

单击"下一个"按钮。

机器人系统库指向"MEDIAPool"文件，RobotWare 版本选择"5.14.03"（要求最低版本为 5.14.02）

单击"下一个"按钮。

单击"完成"按钮。

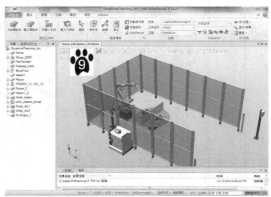

4.4.2 创建备份并执行 I 启动

现有工作站中已包含创建好的参数以及 RAPID 程序。从零开始练习建立工作站的配置工作，需要先将此系统做一备份，之后执行 I 启动，将机器人系统恢复到出厂初始状态。

8

单击"关闭"按钮。

9

解包完成。

1

在"离线"菜单中选择"备份"，然后单击"创建备份"。

之后执行"I启动"。

待执行热启动之后，则完成了工作站的初始化操作。

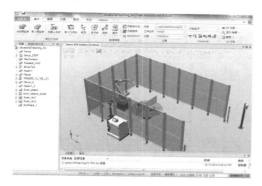

4.4.3 配置 I/O 单元①

在虚拟示教器中，根据以下的参数配置 I/O 单元。

②

为备份文件命名，并选定保存位置。

③

单击"备份"按钮。

④

在"离线"菜单中，选择"重启"，然后单击"I启动"。

①在该仿真环境中，动画效果均由智能组件 Smart 创建，Smart 组件的动画效果通过其自身的输入/输出信号与机器人的 I/O 信号相关联，最终实现工作站动画效果与机器人程序的同步。在创建这些信号时，需要严格按照表格中的名称一一进行创建。

Name	Type of unit	ConnectedTo bus	DeviceNet address
Board10	D651	DeviceNet1	10
Board11	D651	DeviceNet1	11
simBoard1	Virtual	Virtual1	无

注：参数注释见 17 页。

4.4.4　配置 I/O 信号

在虚拟示教器中，根据以下的参数配置 I/O 信号。

Name	Type of Signal	Assigned to Unit	Unit Mapping	I/O 信号注解
ao01Weld_REF	Analog Output	Board10	0~15	焊接电压控制模拟信号
ao02Feed_REF	Analog Output	Board10	16~31	焊接电流控制模拟信号
do01WeldOn	Digital Output	Board10	32	焊接启动数字信号
do02GasOn	Digital Output	Board10	33	打开保护气数字信号
do03FeedOn	Digital Output	Board10	34	送丝信号
do04Pos1	Digital Output	Board10	35	转台转到 A 工位
do05Pos2	Digital Output	Board10	36	转台转到 B 工位
do06CycleOn	Digital Output	Board10	37	机器人处于运行状态信号
do07Error	Digital Output	Board10	38	机器人处于错误报警状态信号
do08E_Stop	Digital Output	Board10	39	机器人处于急停状态信号
do09GunWash	Digital Output	Board11	32	清枪装置清焊渣信号
do10GunSpary	Digital Output	Board11	33	清枪装置喷雾信号
do11FeedCut	Digital Output	Board11	34	剪焊丝信号
di01ArcEst	Digital Input	Board10	0	起弧检测信号
di02GasOK	Digital Input	Board10	1	保护气检测信号
di03FeedOK	Digital Input	Board10	2	送丝检测信号
di04Start	Digital Input	Board10	3	启动信号
di05Stop	Digital Input	Board10	4	停止运行信号
di06WorkStation1	Digital Input	Board10	5	转台转到工位 A 信号
di07WorkStation2	Digital Input	Board10	6	转台转到工位 B 信号
di08LoadingOK	Digital Input	Board10	7	工件装夹完成按钮信号
di09ResetError	Digital Input	Board11	0	错误报警复位信号
di10StartAt_Main	Digital Input	Board11	1	从主程序开始信号
di11MotorOn	Digital Input	Board11	2	电动机上电输入信号
soRobotInHome	Digital Output	simBoard1	0	机器人在 Home 点信号
soRotToA	Digital Output	simBoard1	1	转台旋转到 A 工位虚拟控制信号
soRotToB	Digital Output	simBoard1	2	转台旋转到 B 工位虚拟控制信号

注：参数注释见 17 页。

4.4.5 配置 I/O 信号与焊接软件的关联

在虚拟示教器中，进行 I/O 信号与焊接软件关联的操作步骤如下：

在"控制面板"中，选择"配置"。

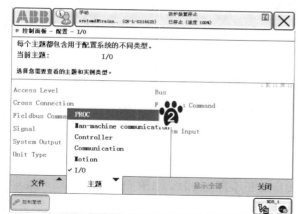

打开"主题"菜单，选择"PROC"。

根据 4.3.6 节中的表格内容对 Arc Equipment Analogue Outputs、Arc Equipment Digital Inputs、Arc Equipment Digital Outputs 三个的参数进行设定。设定完成后，重启系统使参数生效。

4.4.6 配置系统输入/输出

在虚拟示教器中，根据以下的参数配置系统输入/输出信号。

系统输入：

Signal Name	Action	Argument1	系统输入/输出注解
di04Start	Start	Continuous	程序启动
di05Stop	Stop	无	程序停止
di10StartAt_Main	Start at Main	Continuous	从主程序启动
di09ResetError	Reset Execution Error	无	报警状态恢复
di11MotorOn	Motors On	无	电动机上电

系统输出：

Signal Name	Status	系统输入/输出注解
do06CycleOn	CycleOn	自动循环状态输出
do07Error	Execution Error	报警状态输出
do08E_Stop	Emergency Stop	急停状态输出

4.4.7 CrossConnection 说明

本工作站中配置了两个 CrossConnection 的信号关联，用来在手动状态下控制工作台转盘的旋转，参数设定如下：

Type	Cross Connection1	Cross Connection2
Resultant	do04pos1	do05pos2
Actor1	soRobotInHome	soRobotInHome
Invent Actor1	NO	NO
Operator1	AND	AND
Actor2	soRotToA	soRotToB
Invent Actor2	NO	NO

具体操作步骤如下：

单击"ABB",打开主菜单。

选择"控制面板"。

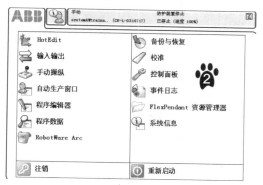

选择主题"I/O"。

选择"Cross Connection"选项。

单击"添加"按钮,在系统中添加所需要的信号关联。

进入系统配置画面。

根据 4.4.7 节表中的参数配置进行输入。

参数配置完成后，系统提示重启，单击"是"重启系统，可以把所有需要配置的 I/O 参数都配置好以后一次性重启，避免多次反复重启系统。

4.4.8　创建工具数据①

在虚拟示教器中，使用四点加 X、Z 方法设定工具数据 tWeldGun。

工具数据 tWeldGun 各项参数如下：

参　数　名　称	参　数　数　值
robothold	TRUE
trans	
X	125.800591275
Y	0
Z	381.268213238

①创建工具坐标数据详细内容可参考由机械工业出版社出版的《工业机器人实操与应用技巧》或 http://www.robotpartner.cn 网上教学视频中关于创建工件坐标数据的说明。

（续）

参　数　名　称	参　数　数　值
rot	
q1	0.898794046
q2	0
q3	0.438371147
q4	0
mass	2
cog	
X	0
Y	0
Z	100
参数均为默认值	

示例如图 4-7 所示。

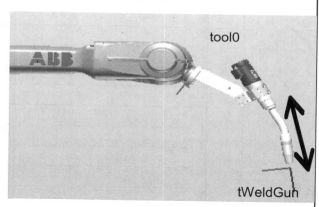

图　4-7

4.4.9　创建工件坐标系数据[①]

此工作站中，需要定义两个工件坐标系，分别为 A 工位坐标 wobjStationA 和 B 工位坐标 wobjStationB。

在虚拟示教器中，使用三点法进行工件坐标数据的设定。

wobjStationA 的图示如图 4-8 所示，供参考，但要以实际的为准。

笔记：

①创建工件坐标数据详细内容可参考由机械工业出版社出版的《工业机器人实操与应用技巧》或 http: // www.robotpartner.cn 网上教学视频中关于创建工件坐标数据的说明。

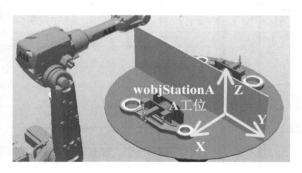

图　4-8

wobjStationB 的图示如图 4-9 所示，供参考，但要以实际的为准。

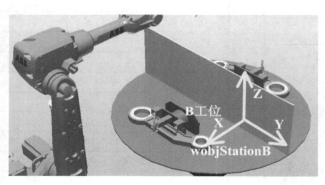

图　4-9

4.4.10　Torch Services 清枪系统[①]

Torch Services 是一套焊枪的维护系统（图 4-10），在焊接过程中有清焊渣、喷雾、剪焊丝三个动作，以保证焊接过程的顺利进行，减少人为的干预，让整个自动化焊接工作站流畅运转，使用最简单的控制原理，用三个输出信号控制三个动作的启动和停止。

笔记：

_____

_____

_____

_____

_____

_____

_____

_____

_____

_____

_____

_____

_____

_____

_____

_____

_____

_____

_____

_____

_____

_____

① Torch Services 包含以下三个动作。

清焊渣：由自动机械装置带动顶端的尖头旋转对焊渣进行清洁。

喷雾：自动喷雾装置对清完焊渣的枪头部分进行喷雾，防止焊接过程中焊渣和飞溅粘连到导电嘴上。

剪焊丝：自动剪切装置将焊丝剪至合适的长度。

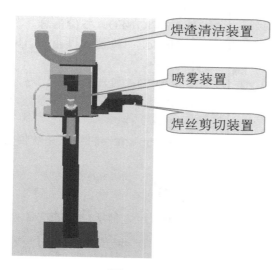

焊渣清洁装置

喷雾装置

焊丝剪切装置

图 4-10

4.4.11 导入程序模板

在之前创建的备份文件中包含了本工作站的 RAPID 程序模板。此程序模板已能够实现本工作站机器人的完整逻辑及动作控制，只需对位置点进行适当的修改，便可正常运行。

在导入程序模板之前仍需要删除之前 4.4.8、4.4.9 节中所创建的程序数据，以免发生数据冲突。

可以通过虚拟示教器导入程序模块，也可以通过 RobotStudio "离线" 菜单中的 "加载模块" 来导入。这里以软件操作为例来介绍加载程序模块的步骤。

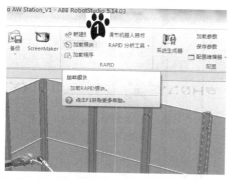

在 "离线" 菜单中，单击 "加载模块"。
5.15 版本的 "加载模块"，请参考 12 页的说明。

浏览至前面所创建的备份文件夹①：

之后，依次打开"RAPID"—"TASK1"—"PROGMOD"，找到程序模块"MainMoudle"。

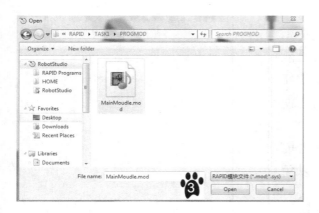

①备份文件中共有五个文件。
BACKINFO：备份信息。
HOME：机器人硬盘上 HOME 文件夹。
RAPID：机器人程序代码。
SYSPAR：机器人配置参数，包含 I/O 配置文件。
system.xml：机器人系统信息。

浏览至之前所创建的文件夹。

选中"MainMoudle.mod"，单击"Open"按钮。

勾选全部，单击"确定"按钮，完成加载程序模块的操作。

在 RobotStudio 中，为保证虚拟控制器中的数据与工作站数据一致，需要将虚拟控制器与工作站数据进行同步。当在虚拟示教器进行数据修改后，则需要执行"同步到工作站"。反之，则需要执行"同步到 VC（虚拟控制器）"。

4.4.12　程序注解

本工作站要实现的动作是汽车配件机器人焊接。使用 IRB2600 机器人双工位工作站实现产品的焊接工作。

在熟悉了此 RAPID 程序后，可以根据实际的需要在此程序的基础上做适用性的修改，以满足实际逻辑与动作的控制。

以下是实现机器人逻辑和动作控制的 RAPID 程序。

```
MOUDLE MainMoudle
CONST robtarget pHome:=[[*,*,*],[1,0,0,0],[0,0,0,0],[9E9,9E9,9E9,9E9,9E9,9E9]];
    !定义机器人的 PHome 点
CONST robtarget pWait:=[[*,*,*],[1,0,0,0],[0,0,0,0],[-1,0,-1,0],[9E9,9E9,9E9,9E9,9E9,9E9]];
    !定义机器人的等待点 pWait
CONST robtarget pWeld_A10:=[[*,*,*],[1,0,0,0],[0,0,0,0],[-1,1,-2,0],[9E9,9E9,9E9,9E9,9E9,9E9]];
CONST robtarget pWeld_A 20:=[[*,*,*],[1,0,0,0],[0,0,0,0],[-1,1,-2,0],[9E9,9E9,9E9,9E9,9E9,9E9]];
CONST robtarget pWeld_A 30:=[[*,*,*],[1,0,0,0],[0,0,0,0],[-1,1,-2,0],[9E9,9E9,9E9,9E9,9E9,9E9]];
CONST robtarget pWeld_A 40:=[[*,*,*],[1,0,0,0],[0,0,0,0],[-1,1,-2,0],[9E9,9E9,9E9,9E9,9E9,9E9]];
CONST robtarget pWeld_A 50:=[[*,*,*],[1,0,0,0],[0,0,0,0],[-1,1,-2,0],[9E9,9E9,9E9,9E9,9E9,9E9]];
CONST robtarget pWeld_A 60:=[[*,*,*],[1,0,0,0],[0,0,0,0],[-1,1,-2,0],[9E9,9E9,9E9,9E9,9E9,9E9]];
CONST robtarget pWeld_A 70:=[[*,*,*],[1,0,0,0],[0,0,0,0],[-1,1,-2,0],[9E9,9E9,9E9,9E9,9E9,9E9]];
CONST robtarget pWeld_A 80:=[[*,*,*],[1,0,0,0],[0,0,0,0],[-1,1,-2,0],[9E9,9E9,9E9,9E9,9E9,9E9]];
CONST robtarget pWeld_A 90:=[[*,*,*],[1,0,0,0],[0,0,0,0],[-1,1,-2,0],[9E9,9E9,9E9,9E9,9E9,9E9]];
CONST robtarget pWeld_A 100:=[[*,*,*],[1,0,0,0],[0,0,0,0],[-1,1,-2,0],[9E9,9E9,9E9,9E9,9E9,9E9]];
    !定义机器人 A 工位路径目标点
CONST robtarget pWeld_B10:=[[*,*,*],[1,0,0,0],[0,0,0,0],[-1,1,-2,0],[9E9,9E9,9E9,9E9,9E9,9E9]];
CONST robtarget pWeld_ B 20:=[[*,*,*],[1,0,0,0],[0,0,0,0],[-1,1,-2,0],[9E9,9E9,9E9,9E9,9E9,9E9]];
CONST robtarget pWeld_ B 30:= [[*,*,*],[1,0,0,0],[0,0,0,0],[-1,1,-2,0],[9E9,9E9,9E9,9E9,9E9,9E9]];
CONST robtarget pWeld_ B 40:=[[*,*,*],[1,0,0,0],[0,0,0,0],[-1,1,-2,0],[9E9,9E9,9E9,9E9,9E9,9E9]];
CONST robtarget pWeld_ B 50:=[[*,*,*],[1,0,0,0],[0,0,0,0],[-1,1,-2,0],[9E9,9E9,9E9,9E9,9E9,9E9]];
CONST robtarget pWeld_ B 60:=[[*,*,*],[1,0,0,0],[0,0,0,0],[-1,1,-2,0],[9E9,9E9,9E9,9E9,9E9,9E9]];
CONST robtarget pWeld_ B 70:=[[*,*,*],[1,0,0,0],[0,0,0,0],[-1,1,-2,0],[9E9,9E9,9E9,9E9,9E9,9E9]];
CONST robtarget pWeld_ B 80:=[[*,*,*],[1,0,0,0],[0,0,0,0],[-1,1,-2,0],[9E9,9E9,9E9,9E9,9E9,9E9]];
CONST robtarget pWeld_ B 90:=[[*,*,*],[1,0,0,0],[0,0,0,0],[-1,1,-2,0],[9E9,9E9,9E9,9E9,9E9,9E9]];
CONST robtarget pWeld_ B 100:= [[*,*,*],[1,0,0,0],[0,0,0,0],[-1,1,-2,0],[9E9,9E9,9E9,9E9,9E9,9E9]];
    !定义机器人 B 工位路径目标点
```

```
CONST robtarget pGunWash:=[[*,*,*],[1,0,0,0],[0,0,0,0],[-1,1,-2,0],[9E9,9E9,9E9,9E9,9E9,9E9]];
CONST robtarget pGunSpary:=[[*,*,*],[1,0,0,0],[0,0,0,0],[-1,1,-2,0],[9E9,9E9,9E9,9E9,9E9,9E9]];
CONST robtarget pFeedCut:= [[*,*,*],[1,0,0,0],[0,0,0,0],[-1,1,-2,0],[9E9,9E9,9E9,9E9,9E9,9E9]];
```
　　　!定义机器人焊枪维护目标点

```
PERSTooldata
tWeldGun:=[TRUE,[[125.800591275,0,381.268213238],[0.898794046,0,0.438371147,0]],[2,
[0,0,100],[0,1,0,0],0,0,0]];
```
　　　!定义焊枪工具坐标系

```
PERS wobjdata
wobjStationA:=[FALSE,TRUE,"",[[-457,-2058.49,-233.373], [1,0,0,0]],[[0,0,0],[1,0,0,0]]];
```
　　　!A工位工件坐标数据wobjStationA

```
PERS wobjdata
wobjStationB:=[FALSE,TRUE,"",[[-421.764,-2058.49,-233.373],
[1,0,0,0]],[[0,0,0],[1,0,0,0]]];
```
　　　!B 工位工件坐标数据 wobjStationB

```
PERS seamdata
sm1:=[0.2,0.05,[0,0,0,0,0,0,0,0,0,0],0,0,0,0,0,[0,0,0,0,0,0,0,0,0],0,00.1,0,[0,0,0,0,0,0,0,0,0,0],0.05];
```
　　　! 起弧收弧参数，用来控制焊接开始前和焊接结束后的吹保护气时间

```
PERS welddata wd1:=[40,10,[0,0,10,0,0,10,0,0,0],[0,0,0,0,0,0,0,0,0,0]];
```
　　　! 焊接参数，用来控制焊接过程中机器人焊接速度及焊机输出电流和电压的变化

```
PERS bool bCell_A:=TRUE;
PERS bool bCell_B:=TRUE;
```
　　　! 逻辑量，判断 A 工位和 B 工位是否到位

```
PERS bool bLoadingOK:=FALSE;
```
　　　! 逻辑量，判断工件是否装夹完成

```
VAR intnum intno1:=0;
```
　　　! 中断数据

```
PERS　num　nCount:=0;
```
　　!数字型变量 nCount，此数据用于产品计数，并可根据计数产品数量决定是否进行焊枪的维护动作

```
PROC Main()
```
　　　! 主程序
```
    rInitAll;
```
　　　! 调用初始化程序
```
    WHILE TRUE DO
```
　　!利用 WHILE 循环将初始化程序隔开
```
    rCheckGunState;
```
　　! 调用焊枪状态检查程序，确定是否进行焊枪维护动作

```
        IF di06WorkStation1=1 THEN
          ！判断转台是否转到 A 工位的位置
        rCellA_Welding;
          ！调用 A 工位焊接程序
        ELSEIF di07WorkStation2=1 THEN
           ！判断转台是否转到 B 工位的位置
        rCellB_Welding;
          ！调用 B 工位焊接程序
        ENDIF
        WaitTime 0.3;
           ！等待时间，防止 CPU 过负荷的设定
      ENDWHILE
ENDPROC


PROC rInitAll()
     !初始化程序
    AccSet 100,100;
！ 加速度控制指令
    VelSet 100,3000;
！ 速度控制指令，执行此指令后整个程序运行最大限速 3000mm/s
    rHome;
!调用回 Home 点程序
    nCount:=0;
！ 初始化计数变量
    rCheckHomePos;
！ 调用检查 Home 点程序
    Reset do05pos2;
    Reset do04pos1;
！ 复位转台旋转信号
    Reset soRobotInHome
！ 复位机器人 Home 点信号
    Reset do01WeldOn;
    Reset do03FeedOn;
    Reset do02GasOn;
！ 初始化焊接相关信号，包括焊接启动、送丝、吹气信号
    IDelete intno1;
！ 删除中断数据，在初始化时先删除之前的中断数据，然后重新链接，防止中断程序
误触发
    CONNECT intno1 WITH tLoadingOK;
！ 将中断数据 intno1 重新连接到中断程序 tLoadingOK
```

ISignalDI di08LoadingOK, 1, intno1;

！将中断数据 intno1 关联到数字输入信号 di08LoadingOK，在整个工作过程当中监控数字输入信号，当数字输入信号从 0 变到 1 时，中断数据被触发，与之相链接的中断程序被触发执行

ENDPROC

PROC rRotToCellA()
    Set do04pos1;
    WaitTime 3;
    ！控制转台旋转到 A 工位，到位后将旋转信号复位为 0
    WaitDi di06WorkStation1,1\MaxTime:=10;

！等待转台 A 工位到位信号，最长等待时间为 10s，超过最长等待时间后如果还未得到该信号，机器人将停机报警

    Reset do04pos1;
    ！将旋转信号复位为 0
    bCell_A:=TRUE;

！将转台 A 工位到位逻辑量赋值为 TRUE，即得到信号后将逻辑量置为 TRUE，后续程序可以根据逻辑变量的值来判断是否得到该信号

    bLoadingOK:=FALSE;

！将装夹完成的逻辑量置为 FALSE，此时转台旋转到位，开始对产品进行更换，完成后按"装夹完成"按钮，中断程序将逻辑量 bLoadingOK 置为 TRUE

ENDPROC

PROC rRotToCellB()
    Set do05pos2;
    WaitTime 3;
    ！控制转台旋转到 B 工位
    WaitDi di07WorkStation2, 1\MaxTime:=10;

！等待转台 B 工位到位信号，最长等待时间为 10s，超过最长等待时间后如果还未得到该信号，机器人将停机报警

    Reset do05pos2;
！旋转信号复位为 0
    bCell_B:=TRUE;

！将转台 B 工位到位逻辑量赋值为 TRUE，即得到信号后将逻辑量置为 TRUE，后续程序可以根据逻辑变量的值来判断是否得到该信号

    bLoadingOK:=FALSE;

！将装夹完成的逻辑量置为 FALSE，此时转台旋转到位，开始对产品进行更换，完成后按"装夹完成"按钮，中断程序将逻辑量 bLoadingOK 置为 TRUE

ENDPROC

```
PROC rCheckGunState()
    IF nCount=6 Then
        rWeldGunSet;
        nCount:=0;
    ENDIF
```
! 检查焊枪是否需要维护的判断程序，根据焊接产品的数量来确定是否需要对焊枪进行清焊渣、喷雾及剪焊丝的动作，具体不同产品在焊接了多少个以后需要维护，则根据产品实际情况设定

```
ENDPROC
PROC rCellA_Welding()
    rWeldingPathA;
    WaitUntil bLoadingOK=TRUE;
    rRotToCellB;
    nCount:=nCount+1;
```
! A 工位焊接程序，调用了焊接路径程序，焊接完成后先根据逻辑量 bLoadingOK 的值判断另一个方向的工件是否装夹 OK，直到装夹 OK 后才调用转台旋转到 B 工位程序，此时转台旋转，A 工位转出，进行产品的更换，B 工位转入进行焊接，同时计数器对产品数量加一，为后续的焊枪维护提供数据支持

```
ENDPROC

PROC rCellB_Welding()
    rWeldingPathB;
    WaitUntil bLoadingOK=TRUE;
    rRotToCellA;
    nCount:=nCount+1;
```
! B 工位焊接程序，调用了焊接路径程序，焊接完成后先根据逻辑量 bLoadingOK 的值判断另一个方向的工件是否装夹 OK，直到装夹 OK 后才调用转台旋转到 A 工位程序，此时转台旋转，B 工位转出，进行产品的更换，A 工位转入进行焊接，同时计数器对产品数量加一，为后续的焊枪维护提供数据支持。

```
ENDPROC

PROC rHome()
```
    ! 回 pHome 点程序，回到 Home 点后输出到位信号
```
    MoveJDO pHome, vmax, fine, tWeldGun,  soRobotInHome,1;
ENDPROC
```

```
PROC rWeldingPathA()
    ！焊接路径程序 A
    MoveJ pHome,vmax,z10,tWeldGun\WObj:=wobj0;
    Reset soRobotInHome;
    ！复位机器人在 Home 点的数字输出
    MoveJ Offs(pWeld_A10,0,0,350),v1000,z10,tWeldGun\WObj:=wobjStationA;
！从 Home 点运行到起弧目标点上方 350mm 处
    ArcLStart pWeld_A10, v1000, sm1, wd1, fine, tWeldGun\WObj:=wobjStationA;
！使用线性起弧指令 ArcLStart 起弧, 直线焊接使用指令 ArcL, 圆弧焊接使用指令 ArcC,
焊接过程使用 wd1 和 sm1 控制
    ArcL pWeld_A20,v100,sm1,wd1,z1,tWeldGun\WObj:=wobjStationA;
    ArcC pWeld_A30,pWeld_A40,v100,sm1,wd1,z1,tWeldGun\WObj:=wobjStationA;
    ArcCEnd pWeld_A50,pWeld_A10,v100,sm1,wd1,fine,tWeldGun\WObj:=wobj
StationA;
    MoveL Offs(pWeld_A10,0,0,150),v1000,z10,tWeldGun\WObj:=wobjStationA;
    MoveJ offs(pWeld_A60,0,0,150),vmax,z10,tWeldGun\WObj:=wobjStationA;
    ArcLStart pWeld_A60,v1000,sm1,wd1,fine,tWeldGun\WObj:=wobjStationA;
    ArcL pWeld_A70,v100,sm1,wd1,z1,tWeldGun\WObj:=wobjStationA;
    ArcC pWeld_A80,pWeld_A90,v100,sm1,wd1,z1,tWeldGun\WObj:=wobjStationA;
    ArcCEnd pWeld_A100,pWeld_A60,v100,sm1,wd1,fine,tWeldGun\WObj:=wobj
StationA;
    MoveL offs(pWeld_A60,0,0,50),vmax,z10,tWeldGun\WObj:=wobjStationA;
    MoveJ pHome,vmax,z10,tWeldGun\WObj:=wobj0;
ENDPROC
PROC rWeldingPathB()
    ！焊接路径程序 B
    MoveJ pHome,vmax,z10,tWeldGun\WObj:=wobj0;
    Reset soRobotInHome;
    ！复位机器人在 Home 点的数字输出
    MoveJ Offs(pWeld_B10,0,0,350),v1000,z10,tWeldGun\WObj:=wobjStationB;
    ！从 Home 点运行到起弧目标点上方 350mm 处
    ArcLStart pWeld_B10, v1000, sm1, wd1, fine, tWeldGun\WObj:=wobjStationB;
！使用线性起弧指令 ArcLStart 起弧, 直线焊接使用指令 ArcL, 圆弧焊接使用指令 ArcC,
焊接过程使用 wd1 和 sm1 控制
    ArcL pWeld_B20,v100,sm1,wd1,z1,tWeldGun\WObj:=wobjStationB;
    ArcC pWeld_B30,pWeld_B40,v100,sm1,wd1,z1,tWeldGun\WObj:=wobjStationB;
    ArcCEnd pWeld_B50,pWeld_B10,v100,sm1,wd1,fine,tWeldGun\WObj:=wobj
StationB;
    MoveL Offs(pWeld_B10,0,0,150),v1000,z10,tWeldGun\WObj:=wobjStationB;
```

```
        MoveJ offs(pWeld_B60,0,0,150),vmax,z10,tWeldGun\WObj:=wobjStationB;
        ArcLStart pWeld_B60,v1000,sm1,wd1,fine,tWeldGun\WObj:=wobjStationB;
        ArcL pWeld_B70,v100,sm1,wd1,z1,tWeldGun\WObj:=wobjStationB;
        ArcC pWeld_B80,pWeld_B90,v100,sm1,wd1,z1,tWeldGun\WObj:=wobjStationB;
        ArcCEnd pWeld_B100,pWeld_B60,v100,sm1,wd1,fine,tWeldGun\WObj:=wobj
StationB;
        MoveL offs(pWeld_B60,0,0,50),vmax,z10,tWeldGun\WObj:=wobjStationB;
        MoveJ pHome,vmax,z10,tWeldGun\WObj:=wobj0;
    ENDPROC

    PROC rTeachPath()
    ! 示教目标点例行程序
        MoveJ pHome,vmax,z10,tWeldGun\WObj:=wobj0;
        ! 示教 pHome 点
        MoveJ pWeld_A10,v100,fine,tWeldGun\WObj:=wobjStationA;
        MoveJ pWeld_A 20,v100,z1,tWeldGun\WObj:=wobjStationA;
        MoveJ pWeld_A 30,v100,z1,tWeldGun\WObj:=wobjStationA;
        MoveJ pWeld_A 40,v100,fine,tWeldGun\WObj:=wobjStationA;
        MoveJ pWeld_A 50,v100,fine,tWeldGun\WObj:=wobjStationA;
        MoveJ pWeld_A 60,v100,fine,tWeldGun\WObj:=wobjStationA;
        MoveJ pWeld_A 70,v100,fine,tWeldGun\WObj:=wobjStationA;
        MoveJ pWeld_A 80,v100,fine,tWeldGun\WObj:=wobjStationA;
        MoveJ pWeld_A 90,v100,fine,tWeldGun\WObj:=wobjStationA;
        MoveJ pWeld_A 100,v100,fine,tWeldGun\WObj:=wobjStationA；
        MoveJ pWeld_B10,v100,fine,tWeldGun\WObj:=wobjStationB;
        MoveJ pWeld_B20,v100,z1,tWeldGun\WObj:=wobjStationB;
        MoveJ pWeld_B30,v100,z1,tWeldGun\WObj:=wobjStationB;
        MoveJ pWeld_B40,v100,fine,tWeldGun\WObj:=wobjStationB;
        MoveJ pWeld_B50,v100,fine,tWeldGun\WObj:=wobjStationB;
        MoveJ pWeld_B60,v100,fine,tWeldGun\WObj:=wobjStationB;
        MoveJ pWeld_B70,v100,fine,tWeldGun\WObj:=wobjStationB;
        MoveJ pWeld_B80,v100,fine,tWeldGun\WObj:=wobjStationB;
        MoveJ pWeld_B90,v100,fine,tWeldGun\WObj:=wobjStationB;
        MoveJ pWeld_B100,v100,fine,tWeldGun\WObj:=wobjStationB；
        ! 以上为焊接路径目标点（图 4-11），根据焊缝的实际情
况进行增减
        MoveJ pGunWash,v100,fine,tWeldGun\WObj:=wobj0;
        MoveJ pGunSpary,v100,fine,tWeldGun\WObj:=wobj0;
```

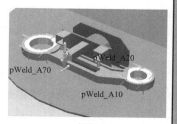

图 4-11

MoveJ pFeedCut,v100,fine,tWeldGun\WObj:=wobj0;

！以上三个目标点是清枪装置上的三个位置，如图 4-12 所示

！此示教目标点程序不放入主程序 main 的逻辑中，仅仅用作调试时使用

ENDPROC

PROC rWeldGunSet()

　　！清枪系统例行程序

　　MoveJ Offs(pGunWash,0,0,150),v1000,z10,tWeldGun\WObj:=wobj0;

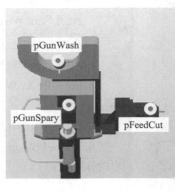

图　4-12

MoveL pGunWash,v200,fine,tWeldGun\WObj:=wobj0;

！机器人先运行到清焊渣目标点 pGunWash 点上方 150mm 处，然后线性下降，运行到目标点，这样可以保证机器人在动作的过程中不会和其他设备干涉

　　Set do09GunWash;

　　Waittime 2;

　　Reset do09GunWash;

！将清焊渣信号置位，此时清焊渣装置开始运行，清除焊渣，等待一个设定的时间后将信号复位，清焊渣动作完成。等待的时间就是清焊渣装置的运行时间，可以根据实际的效果来延长或缩短时间

　　MoveL Offs(pGunWash,0,0,150),v1000,z10,tWeldGun\WObj:=wobj0;

！清除完成后使用偏移函数将机器人线性运行到 pGunWash 点上方位置，然后准备进行下一步动作

　　MoveL Offs(pGunSpary,0,0,150),v1000,z10,tWeldGun\WObj:=wobj0;

　　MoveL pGunSpary,v200,fine,tWeldGun\WObj:=wobj0;

！机器人先运行到喷雾目标点 pGunSpary 点上方 150mm 处，然后线性下降，运行到目标点，这样可以保证机器人在动作的过程中不会和其他设备干涉

　　Set do10GunSpary;

　　Waittime 2;

　　Reset do10GunSpary;

！将喷雾信号置位，此时喷雾装置开始运行，对焊枪进行喷雾，等待一个设定的时间后将信号复位，喷雾动作完成。等待的时间就是喷雾装置的运行时间，可以根据实际的效果来延长或缩短时间

　　MoveL Offs(pGunSpary,0,0,150),v1000,z10,tWeldGun\WObj:=wobj0;

！喷雾完成后使用偏移函数将机器人线性运行到 pGunSpary 点上方位置，然后准备进行下一步动作

MoveL Offs(pFeedCut,0,0,150),v1000,z10,tWeldGun\WObj:=wobj0;

MoveL pFeedCut,v200,fine,tWeldGun\WObj:=wobj0;

! 机器人先运行到剪焊丝目标点 pFeedCut 点上方 150mm 处，然后线性下降，运行到目标点，这样可以保证机器人在动作的过程中不会和其他设备干涉

Set do11FeedCut;

Waittime 2;

Reset do11FeedCut;

! 将剪焊丝信号置位，此时剪焊丝装置开始运行，将焊丝剪切到最佳的长度，等待一个设定的时间后将信号复位，剪焊丝动作完成。等待的时间就是剪焊丝装置的运行时间，可以根据实际的效果来延长或缩短时间

MoveL Offs(pFeedCut,0,0,150),v1000,z10,tWeldGun\WObj:=wobj0;

! 剪切完成后机器人线性偏移到 pFeedCut 点上方，至此整个焊枪维护完成，机器人将继续进行焊接工作。

ENDPROC

TRAP tLoadingOK

bLoadingOK := TRUE;

! 中断程序 tLoading，用来判断工件装夹是否完成，在初始化程序中有相应的关联说明，当作业员完成产品的装夹后，按下"确认"按钮（该按钮接线到数字输入信号 di08LodadingOK），当数字输入信号变为 1 时即触发该中断程序，该中断程序被执行一次，将逻辑量 bLoadingOK 置位为 TRUE，表示工件装夹完成

ENDTRAP

PROC rCheckHomePos()

!检测是否在 Home 点程序

VAR robtarget pActualPos;

!定义一个目标点数据 pActualPos

IF NOT CurrentPos(pHome,tGripper) THEN

!调用功能程序 CurrentPos。此为一个布尔量型的功能程序，括号里面的参数分别指的是所要比较的目标点以及使用的工具数据，这里写入的是 pHome 点，则是将当前机器人位置与 pHome 点进行比较，若在 Home 点则此布尔量为 TRUE，若不在 Home 点则为 FALSE。在此功能程序的前面加上一个 NOT，则表示当机器人不在 Home 点时才会执行 IF 判断指令中机器人返回 Home 点的动作指令。

pActualpos:=CRobT(\Tool:=tGripper\WObj:=wobj0);

!利用 CRobT 功能读取当前机器人目标位置，并赋值给目标点数据 pActualpos

pActualpos.trans.z:=pHome.trans.z;

!将 pHome 点的 Z 值赋给 pActualpos 点的 Z 值

MoveL pActualpos,v100,z10,tGripper;

!移至已被赋值后的 pActualpos 点

MoveL pHome,v100,fine,tGripper;

!移至 pHome 点,上述指令的目的是需要先将机器人提升至与 pHome 点一样的高度,之后再平移至 pHome 点,这样可以简单地规划一条安全回 Home 的轨迹

   ENDIF

  ENDPROC

FUNC bool CurrentPos(robtarget ComparePos,INOUT tooldata TCP)

!检测目标点功能程序,带有两个参数,比较目标点和所使用的工具数据

VAR num Counter:=0;

!定义数字型数据 Counter

VAR robtarget ActualPos;

!定义目标点数据 ActualPos

ActualPos:=CRobT(\Tool:=tGripper\WObj:=wobj0);

!利用 CRobT 功能读取当前机器人目标位置,并赋值给 ActualPos

IF ActualPos.trans.x>ComparePos.trans.x-25 AND ActualPos.trans.x<ComparePos.trans.x+25

Counter:=Counter+1;

IF ActualPos.trans.y>ComparePos.trans.y-25 AND ActualPos.trans.y<ComparePos.trans.y+25

Counter:=Counter+1;

IF ActualPos.trans.z>ComparePos.trans.z-25 AND ActualPos.trans.z<ComparePos.trans.z+25

Counter:=Counter+1;

IF ActualPos.rot.q1>ComparePos.rot.q1-0.1 AND ActualPos.rot.q1<ComparePos.rot.q1+0.1

Counter:=Counter+1;

IF ActualPos.rot.q2>ComparePos.rot.q2-0.1 AND ActualPos.rot.q2<ComparePos.rot.q2+0.1

Counter:=Counter+1;

IF ActualPos.rot.q3>ComparePos.rot.q3-0.1 AND ActualPos.rot.q3<ComparePos.rot.q3+0.1

Counter:=Counter+1;

IF ActualPos.rot.q4>ComparePos.rot.q4-0.1 AND ActualPos.rot.q4<ComparePos.rot.q4+0.1

Counter:=Counter+1;

!将当前机器人所在目标位置数据与给定目标点位置数据进行比较,共七项数值,分别是 X、Y、Z 坐标值以及工具姿态数据 q1、q2、q3、q4 里面的偏差值,如 X、Y、Z 坐标偏差值"25"可根据实际情况进行调整。每项比较结果成立,则计数 Counter 加 1,七项全部满足的话,则 Counter 数值为 7

RETURN Counter=7;

!返回判断式结果,若 Counter 为 7,则返回 TRUE;若不为 7 则,返回 FALSE

ENDFUNC

ENDMOUDLE

4.4.13 手动操纵转盘

在本工作站中，转盘工作台是由机器人控制的，为保证安全，转盘只有当机器人在 Home 点时才可以手动旋转。

需要手动旋转工作台时，首先手动运行例行程序 rHome 让机器人回到 Home 点，然后按下示教器上的可编程按钮 1 或可编程按钮 2，机器人就会控制工作台旋转，按下按钮 1 转盘旋转到 A 工位，按下按钮 2 则转盘旋转到 B 工位。设定步骤如下：

在 ABB 主菜单中，选择"控制面板"。

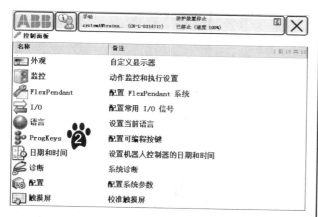

选择"ProgKeys"。

配置可编程按键 1，将 I/O 信号 soRotToA

配置到可编程按钮1上。

配置可编程按钮2,将I/O信号soRotToB配置到可编程按钮1上。

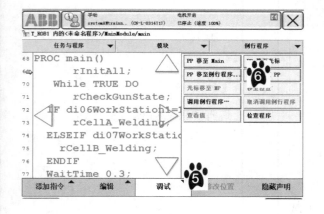

3

配置可编程按键1。

4

配置可编程按键2。

5

在程序编辑器画面中选择"调试"。

6

选择"PP移至例行程序",进入程序列表。

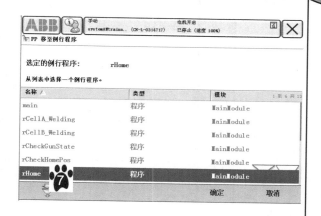

在程序列表中选定"rHome"，单击"确定"按钮。

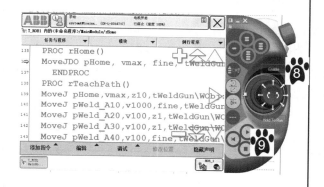

单击"Enable"按钮，电动机上电。

单击播放按钮，执行 rHome 程序。

机器人回到 Home 点后，就可以使用可编程按钮进行旋转转台的操作了。

4.4.14　示教目标点

在本工作站中，需要示教程序起始点 pHome、焊接路径的目标点。

程序起始点 pHome 如图 4-13 所示。

图 4-13

在程序模板中包含一个专门用于手动示教目标点的例行程序 rTeachPath，在虚拟示教器中，进入"程序编辑器"，将指针移动至该子程序，之后通过示教器操纵机器人依次移动程序起始点 pHome、焊接路径目标点 pWeld_A10……，并通过修改位置将其记录下来，如图 4-14 所示。

图 4-14

在示教机器人弧焊路径时，应注意以下几点：

1）焊枪枪头尽量与焊缝垂直，如图 4-15 所示。

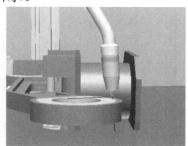

图 4-15

2）机器人行走的路径中尽量避免奇异点。

示教目标点完成之后，可单击仿真菜单中的"播放"，查看一下工作站的整个工作流程，如图4-16所示。

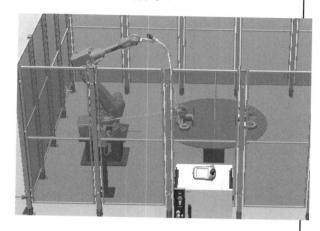

图 4-16

在实际的焊接应用过程中，若遇到类似的工作站，可以在此程序模板基础上做相应的修改，导入到真实机器人系统中后执行目标点示教即可快速完成程序编写工作。

4.4.15 程序运行说明

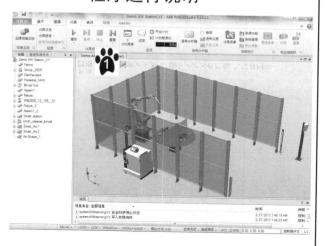

在完成4.4.1～4.4.14节的内容后，选择"仿真"菜单。

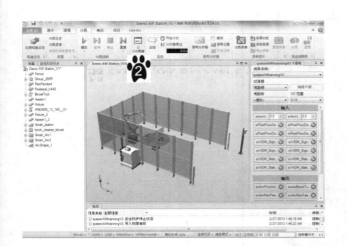

❷

单击"I/O 仿真器",打开 I/O 列表。

❸

正确设定虚线框中的内容。

❹

将 di06WorkStation1 强制为 1。

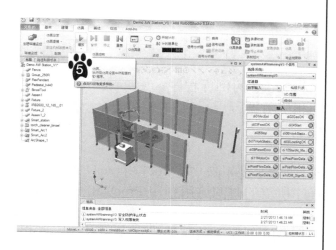

确认后单击"播放"按钮。

仿真"di08LoadingOK",表示产品装夹完成。需要手动强制进行触发,才能启动机器人工作站的程序运行。

4.5 知识拓展

指令 CallByVar(Call By Variable）是通过不同的变量调用不同的例行程序,指令格式如下:

CallByVar Name, Number

Name:例行程序名称的第一部分,数据类型 string

Number:例行程序名称第二部分,数据类型 num

实例:

```
Reg2:=2;
CallByVar proc,reg2;
```

上述指令执行完后机器人调用了名为 proc2 的例行程序。

应用限制:该指令是通过指令中的相应数据调用相应的例行程序。使用时有以下限制:

1)不能直接调用带参数的例行程序。

2)所有被调用的例行程序名称的第一部分必须相同,如 proc1、proc2、proc3 等。

3)使用 CallByVar 指令调用例行程序所需的时间比用指令 ProcCall 调用例行程序的时间更长。

通过使用 CallByVar 指令,就可以通过 PLC 输入数字编号来调用对应不同焊接轨迹例行程序,这样给程序扩展带来了极大的方便。

指令示例如图 4-17 所示。

图 4-17

4.6 思考与练习

➤ 练习弧焊常用 I/O 配置。

➤ 练习弧焊常用参数配置。

➤ 练习弧焊程序数据创建。

➤ 练习弧焊目标点示教。

➤ 练习弧焊程序调试。

➤ 总结常用弧焊程序指令及使用技巧。

➤ 什么是 Torch Services?

第5章

工业机器人典型应用——压铸

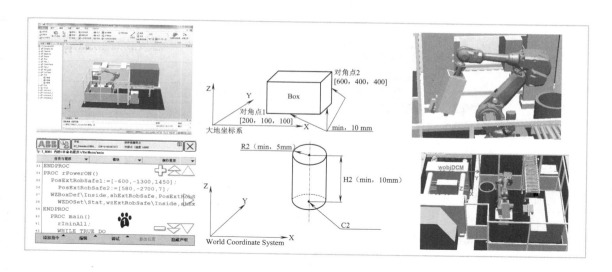

5.1 任务目标

➢ 了解工业机器人压铸取件工作站的布局。

➢ 学会压铸取件 I/O 配置。

➢ 学会压铸取件常用指令。

➢ 学会 World Zones 功能。

➢ 学会 SoftAct 功能。

➢ 学会压铸取件程序编写与调试。

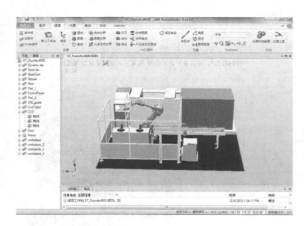

5.2 任务描述

本工作站以机器人压铸取件为例，工业机器人从压铸机将压铸完成的工件取出进行工件完好性检查，然后放置在冷却台上进行冷却，冷却后放到输出传送带上或放置到废件箱里。

和其他众多行业一样，铸造厂也在不断探寻新的途径来增强生产效率、削减成本和提高质量。而另一方面，伴随着由于生态和经济原因而引发的铝和其他轻合金材料对钢铁材料的大规模替代，车辆中铝的含量（质量分数）正在以每年 5.5% 的速度递增。为了消化这些工作量，每年约需新建 70 座

笔记：

铸造厂，ABB 正把握这一趋势，不断为新企业提供可靠的机器人解决方案。

ABB 拥有近 40 年致力于铸造的丰富经验，所以，一旦选择了 ABB 领先的高性能机器人技术，则不必再有任何担忧。更低的生产成本和废品率，更长的生产时间和稳定优异的生产质量，这些都是 ABB 机器人的独特优势。

5.3　知识储备

5.3.1　机器人 Profibus-DP 适配器 I/O 配置

为了满足与压铸机大量的 I/O 信号通信，可以使用 ABB 标准的 Profibus-DP 适配器，下挂在 Profibus 现场总线下的标准 I/O 单元类型为 DP-Slave，最多可支持 64B 输入和 64B 输出（即 512 个数字输入和 512 个数字输出）。定义 Profibus-DP 的 I/O 单元至少需要设置以下四项参数：

参 数 名 称	参 数 注 释
Name	I/O 单元名称
Type of Unit	I/O 单元类型
Connected to Bus	I/O 单元所在总线
PROFIBUS Address	I/O 单元所占用总线地址

5.3.2　常用 I/O 配置

在 I/O 单元上面创建一个数字 I/O 信号，至少需要设置以下四项参数：

参 数 名 称	参 数 注 释
Name	I/O 信号名称
Type of Signal	I/O 信号类型
Assigned to Unit	I/O 信号所在 I/O 单元
Unit Mapping	I/O 信号所占用单元地址

笔记：

5.3.3　系统 I/O 配置

　　系统输入：将数字输入信号与机器人系统的控制信号关联起来，就可以通过输入信号对系统进行控制，例如电动机上电、程序启动等。

　　系统输出：机器人系统的状态信号也可以与数字输出信号关联起来，将系统的状态输出给外围设备作控制之用，例如系统运行模式、程序执行错误等。

5.3.4　区域检测（World Zones）的 I/O 信号设定

　　World Zones 选项是用于设定一个空间直接与 I/O 信号关联起来。此工作站中，将压铸机开模后的空间进行设定，则机器人进入此空间时，I/O 信号马上变化并与压铸机互锁（这由压铸机 PLC 编程实现），禁止压铸机合模，保证机器人安全。

　　使用 World Zones 选项时，关联一个数字输出信号，该信号设定时，在一般的设定基础上需要增加如下的一项设定：

参 数 名 称	参 数 注 释
Access Level	I/O 信号的存储级别

　　该参数共有以下三个选项：

　　1）All：最高存储级别，自动状态下可修改。

　　2）Default：系统默认级别，一般情况下使用。

　　3）ReadOnly：只读，在某些特定的情况下使用。

　　在 World Zones 功能选项中，当机器人进入区域时输出的这个 I/O 信号为自动设置，不允许人为干预，所以需要将此数字输出信号的存储级别设定为 ReadOnly。

5.3.5　与 World Zones 有关的程序数据

在使用 World Zones 选项时，除了常用的程序数据外，还会用到几种其他的程序数据，说明如下：

程序数据名称	程序数据注释
Pos	位置数据，不包含姿态
ShapeData	形状数据，用来表示区域的形状
wzstationary	固定的区域参数
wztemporary	临时的区域参数

5.3.6　压铸取件应用常用程序指令

在压铸取件的工作站中，机器人从事的作业属于搬运中的一种，但在取件时有着和其他搬运所不同的地方。所以相应的，除了一些常用的基础指令外，在压铸取件的机器人程序中，还会用到一些有针对性的指令。

1. SoftAct：软伺服激活指令

SoftAct 软伺服激活指令用于激活任意一个机器人或附加轴的"软"伺服，让轴具有一定的柔性。

SoftAct 指令只能应用在系统的主任务 T_ROB1 中，即使是在 MutiMove 系统中。

指令示例：

SoftAct　3,90\Ramp:=150;

SoftAct\MechUnit:=orbit1,1,50\Ramp:=120;

指令说明：

指令变量名称	说　　明
[\MechUnit]	机械单元名称
Axis	轴名称
Softness	软化值（0%～100%）
Ramp	软化坡度，≥100%

2．SoftDeact：软伺服失效指令

SoftDeact 指令是用来使机械单元软伺服失效的指令，一旦执行该指令，程序中所有机械单元的软伺服将失效。

指令示例：

SoftDeact　\Ramp:=150;

指令说明：

指令变量名称	说　　明
Ramp	软化坡度，≥100%

3．WZBoxDef：矩形体区域检测设定指令

WZBoxDef 是与 World Zones 相关的应用指令，用在大地坐标系下设定矩形体的区域检测，设定时需要定义该虚拟矩形体的两个对角点，如图 5-1 所示。

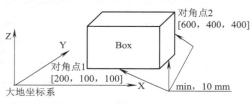

图　5-1

指令示例：

```
VAR shapedata volume;
CONST pos corner1:=[200,100,100];
CONST pos corner2:=[600,400,400];
    ...
WZBoxDef \Inside, volume, corner1,
corner2;
```

指令说明：

指令变量名称	说　　明
[\Inside]	矩形体内部值有效
[\Outside]	矩形体外部值有效，二者必选其一
Shape	形状参数
LowPoint	对角点之一
HighPoint	对角点之一

笔记：

注意：两个对角点必须有不同的 X、Y、Z 坐标值。

4．WZDOSet：区域检测激活输出信号指令

WZDOSet 是 World Zones 相关的指令，用在区域检测被激活时输出设定的数字输出信号，当该指令被执行一次后，机器人的工具中心点（TCP）接触到设定区域检测的边界时，设定好的输出信号将输出一个特定的值。

指令示例：

WZDOSet\Temp,service\Inside,volume, do_service,1;

指令变量说明如下：

指令变量名称	说　　明
[\Temp]	开关量，设定为临时的区域检测
[\Stat]	开关量，设定为固定的区域检测，二者选其一
World Zones	wztemporary 或 wzstationary
[\Inside]	开关量，当 TCP 进入设定区域时输出信号
[\Before]	开关量，当 TCP 或指定轴无限接近设定区域时输出信号，二者选其一
Shape	形状参数
Signal	输出信号名称
SetValue	输出信号设定值

注意：

1）一个区域检测不能被重复设定。

2）临时的区域检测可以多次激活、失效或删除，但固定的区域检测则不可以。

5.3.7 Event Routine 介绍

当机器人进入某一事件时触发一个或多个设定的例行程序，这样的程序称为

笔记：

笔记：

Event Routine，例如可以设定当机器人打开主电源开关时触发一个设定的例行程序。

系统有以下的事件可以作为触发条件：

参 数 名 称	参 数 说 明
PowerOn	打开主电源
Start	程序启动
Stop	程序停止
Restart	系统重启

Event Routine 设定注意事项：

1）可以被一个或多个任务触发，且任务之间无需互相等待，只要满足条件即可触发该程序。

2）如果是关联到 Stop 的 Event Routine，将会在重新按下示教器的启动按钮或调用启动 I/O 时被停止。

3）当关联到 Stop 的 Event Routine 在执行中发生问题时，再次按下停止按钮，系统将在 10s 后离开该 Event Routine。

Event Routine 设定参数说明：

参 数 名 称	参 数 说 明
Routine	需要关联的例行程序名称
Event	机器人系统运行的系统事件，如启动停止等
Task	事件程序所在的任务
All Tasks	该事件程序是否在所有任务中执行，YES 或 NO
All Motion Tasks	该事件程序是否在所有单元的所有任务中执行，YES 或 NO
Sequence Number	程序执行的顺序号，0～100，0 最先执行，默认值为 0

Event Routine 设定步骤：

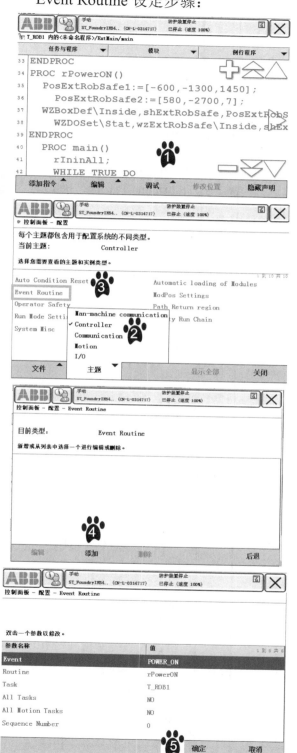

根据控制要求编写好例行程序"rPowerON"。

在控制面板中，选择"Controller"主题。

选择"Event Routine"。

添加一个"Event Routine"。

配置完成后，单击"确定"按钮，系统重启后配置生效。

5.4 任务实施

5.4.1 工作站解包

SituationalTeaching_Foundry.rspag

解包

欢迎使用解包向导

此向导将帮助你打开一个由Pack & Go生成的工作站打包文件。控制器系统将在此计算机生成，备份文件（如果有的话）将自动恢复。

点击"下一步"开始。

| 帮助(H) | 取消(C) | <后退 | 下一个 > |

解包

选择打包文件

选择要解包的打包文件
C:\Users\CNTAHUA2\Documents\RobotStudio\Stations\SituationalT   浏览......

选择存放解包文件的目录
C:\Users\CNTAHUA2\Documents\RobotStudio   浏览......

| 帮助(H) | 取消(C) | <后退 | 下一个 > |

解包

控制器系统
设定系统 systemAWtrainningV3

机器人系统库
C:\PROGRAM FILES\ABB INDUSTRIAL IT\ROBOTICS IT\MEDIAPC   浏览......

RobotWare 版本
RobotWare 5.14.03.01_3071

☑ 自动恢复备份文件

| 帮助(H) | 取消(C) | <后退 | 下一个 > |

双击工作站打包文件：
SituationalTeaching_Foundry.rspag。

单击"下一个"按钮。

单击"浏览"按钮，选定解包后文件所存放的目录。

单击"下一个"按钮。

机器人系统库指向"MEDIAPOOL"文件，选择 RobotWare 版本（要求最低版本为 5.14.02）。

单击"下一个"按钮。

单击"完成"按钮。

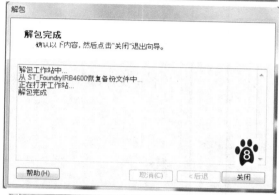

解包完成，单击"关闭"按钮。

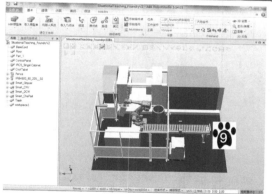

解包完成。

5.4.2 创建备份并执行 I 启动

现有工作站中已包含创建好的参数以及 RAPID 程序。从零开始练习建立工作站的配置工作，需要先将此系统做一备份，之后执行 I 启动，将机器人系统恢复到出厂初始状态。具体步骤如下：

在"离线"菜单中，单击"创建备份"。

为备份文件命名，并选定保存位置。

单击"备份"按钮。

在"离线"菜单中，单击"重启"，选择"I 启动"。

待执行热启动之后，则完成了工作站的初始化操作。

5.4.3 配置 I/O 单元

在虚拟示教器中，根据以下的参数配置 I/O 单元。

Name	Type of unit	Connected To bus	DeviceNet address
pBoard11	DP_SLAVE_FA	Profibus_FA1	11

注：参数注释见 137 页。

5.4.4 配置 I/O 信号

在虚拟示教器中，根据以下的参数配置 I/O 信号。

Name	Type of Signal	Assigned to Unit	Unit Mapping	I/O 信号注解
do01RobInHome	Digital Output	pBoard11	0	机器人在 Home 点
do02GripperON	Digital Output	pBoard11	1	夹爪打开
do03GripperOFF	Digital Output	pBoard11	2	夹爪关闭
do04StartDCM	Digital Output	pBoard11	3	允许合模信号
do05RobInDCM	Digital Output	pBoard11	4	机器人在压铸机工作区域中
do06AtPartCheck	Digital Output	pBoard11	5	机器人在检测位置
do07EjectFWD	Digital Output	pBoard11	6	模具顶针顶出
do08EjectBWD	Digital Output	pBoard11	7	模具顶针收回
do09E_Stop	Digital Output	pBoard11	8	机器人急停输出信号
do10CycleOn	Digital Output	pBoard11	9	机器人运行状态信号
do11RobManual	Digital Output	pBoard11	10	机器人处于手动模式信号
do12Error	Digital Output	pBoard11	11	机器人错误信号
di01DCMAuto	Digital Input	pBoard11	0	压铸机自动状态
di02DoorOpen	Digital Input	pBoard11	1	安全门打开状态
di03DieOpen	Digital Input	pBoard11	2	模具处于开模状态
di04PartOK	Digital Input	pBoard11	3	产品检测 OK 信号
di05CnvEmpty	Digital Input	pBoard11	4	输送链产品检测信号
di06LsEjectFWD	Digital Input	pBoard11	5	顶针顶出到位信号
di07LsEjectBWD	Digital Input	pBoard11	6	顶针收回到位信号
di08ResetE_Stop	Digital Input	pBoard11	7	紧急停止复位信号
di09ResetError	Digital Input	pBoard11	8	错误报警复位信号

（续）

Name	Type of Signal	Assigned to Unit	Unit Mapping	I/O 信号注解
di10StartAt_Main	Digital Input	pBoard11	9	从主程序开始信号
di11MotorOn	Digital Input	pBoard11	10	电动机上电输入信号
di12Start	Digital Input	pBoard11	11	启动信号
di13Stop	Digital Input	pBoard11	12	停止信号

注：参数注释见 137 页。

注意：为了提高 do05RobInDCM 信号的可靠性，将其设定为常闭信号，当机器人在压铸机外的安全空间时，输出为"1"；当机器人在压铸机开模空间内时，输出为"0"。如果发生 I/O 通信中断，则输出也为"0"，从而提到信号的可靠程度。在设定 I/O 信号时，要将对应的参数设定为以下对应的值。

Name	Access Level	Default Value
do05RobInDCM	ReadOnly	1

5.4.5 配置系统输入/输出

在虚拟示教器中，根据以下的参数配置系统输入/输出信号。

系统输入：

Signal Name	Action	Argument1	系统输入/输出注解
di08ResetE_Stop	Reset Emergency Stop	无	急停复位
di09ResetError	Reset Execution Error	无	报警状态恢复
di10StartAt_Main	Start at Main	Continuous	从主程序启动
di11MotorOn	Motors On	无	电动机上电
di12Start	Start	Continuous	程序启动
di13Stop	Stop	无	程序停止

系统输出：

Signal Name	Status	系统输入/输出注解
do09E_Stop	Emergency Stop	急停状态输出
do10CycleOn	CycleOn	自动循环状态输出
do12Error	Execution Error	报警状态输出

5.4.6　区域检测设置

　　将压铸机开模的区域设定为与机器人的互锁区域，当机器人获得压铸机的请求，进入开模区进行取件时，输出信号 do05RobIn DCM 会从"1"变为"0"，这时压铸机与机器人互锁，不能进行开/合模的操作。

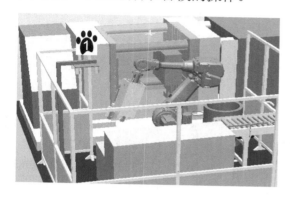

　　编写好干涉区域设定程序，WorldZones相关指令参考 5.3.6 节。

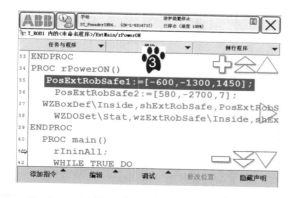

　　开模区内设定为互锁区域。

　　再次确认 do05RobInDCM 的参数设定，详细请参考 5.4.4 节。

　　根据实际情况定义互锁区域，编写例行程序 rPowerON（）。指令的说明请参考 5.3.6 节。

控制面板 - 配置 - Event Routine

双击一个参数以修改。

参数名称	值	1 到 6 共 6
Event	POWER_ON	
Routine	rPowerON	
Task	T_ROB1	
All Tasks	NO	
All Motion Tasks	NO	
Sequence Number	0	

确定　　　取消

EventRoutine 设定，将例行程序 rPowerON 关联到系统事件 POWERON，设定好后，当机器人通电时，程序 rPowerON 即被执行一次，安全区域设定生效。EventRoutine 详细设定参考 5.3.7 节。

5.4.7 创建工具数据

在虚拟示教器中，根据以下的参数设定工具数据 tGripper。

工具数据 tGripper 各项参数如下：

参　数　名　称	参　数　数　值
robothold	TRUE
trans	
X	179.2
Y	-62.8
Z	676
rot	
q1	1
q2	0
q3	0
q4	0
mass	15
cog	
X	0
Y	0
Z	400
其余参数均为默认值	

示例如图 5-2 所示。

压铸夹具工具数据设定要点：

1）压铸取件的 TCP 一般设定在靠近夹爪中心的位置。

2）方向与夹爪表面平行或垂直。

3）工具重量和重心位置应设定准确。

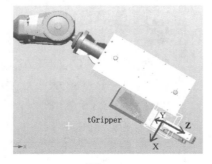

图　5-2

5.4.8　创建工件坐标系数据

本工作站中，工件坐标系有两个，一个是压铸机的工作坐标系 wobjDCM，另一个是冷却台的工作坐标系 wobjCool。

本工作站中，工件坐标系均采用用户三点法创建。在虚拟示教器中，根据图 5-3、图 5-4 所示的位置设定工件坐标。

wobjDCM 方向参考设定如图 5-3 所示。

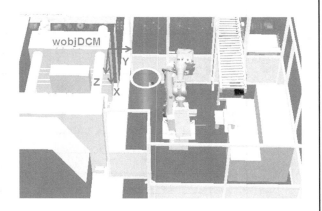

图　5-3

wobjCool 方向参考设定如图 5-4 所示。

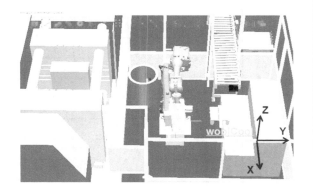

图　5-4

5.4.9　创建载荷数据

在虚拟示教器中，根据图 5-5 所示设定载荷数据 LoadPart。

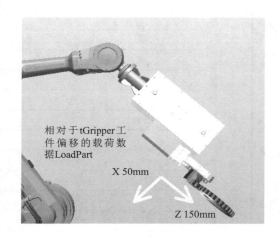

相对于 tGripper 工件偏移的载荷数据 LoadPart

X 50mm

Z 150mm

图　5-5

载荷数据 LoadPart 各项参数如下：

参 数 名 称	参 数 数 值
mass	5
cog	
X	50
Y	0
Z	150
其余参数均为默认值	

5.4.10　导入程序模板

在之前创建的备份文件中包含了本工作站的程序模板，可以将其直接导入该机器人系统中，之后在其基础上做相应修改，并重新示教目标点，完成程序编写过程。

笔记：

　　注意： 若导入程序模板时，提示工具数据、工件坐标数据和有效载荷数据命名不明确，则在手动操纵画面将之前设定的数据删除再进行导入程序模板的操作，如图 5-6 所示。

图　5-6

　　可以通过虚拟示教器导入程序模块，也可以通过 RobotStudio "离线" 菜单中的 "加载模块" 来导入。这里以软件操作为例来介绍加载程序模块的步骤。

在"离线"菜单中，单击"加载模块"。5.15 版本的 "加载模块"，请参考 12 页的说明。

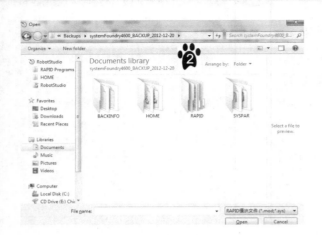

浏览至之前所创建的文件夹。

之后，依次打开"RAPID"—"TASK1"—"PROGMOD"，找到程序模块"ExtMain"及"DATA"。

选中程序模块 DATA.mod、ExtMain.mod，单击"Open"按钮。

勾选全部，单击"确定"按钮，完成加载程序模块的操作。

5.4.11　程序注解

本工作站以机器人压铸取件为例，工业机器人从压铸机将压铸完成的工件取出进行工件完好性检查，然后放置在冷却台上进行冷却，冷却后放到输出传送带上或放置到废件箱里。

在熟悉了此 RAPID 程序后，可以根据实际的需要在此程序的基础上做适用性修改，以满足实际逻辑与动作的控制。

以下是实现机器人逻辑和动作控制的 RAPID 程序，程序数据存储放于程序模块 Data.mod。

```
CONST robtarget pHome:=[[*,*,*],[1,0,0,0],[0,0,0,0],[9E9,9E9,9E9,9E9,9E9,9E9]];
CONST robtarget pWaitDCM:=[[ [*,*,*],[1,0,0,0],[0,0,0,0,[-1,0,-1,0],[9E9,9E9,9E9,9E9,9E9,9E9]];
CONST robtarget pPickDCM:=[[ [*,*,*],[1,0,0,0],[0,0,0,0,[-1,1,-2,0],[9E9,9E9,9E9,9E9,9E9,9E9]];
CONST robtarget pRelPart1:=[[ [*,*,*],[1,0,0,0],[0,0,0,0,[-1,1,-2,0],[9E9,9E9,9E9,9E9,9E9,9E9]];
CONST robtarget pRelPart2:=[[ [*,*,*],[1,0,0,0],[0,0,0,0,[-1,1,-2,0],[9E9,9E9,9E9,9E9,9E9,9E9]];
CONST robtarget pRelPart3:=[[ [*,*,*],[1,0,0,0],[0,0,0,0,[-1,1,-2,0],[9E9,9E9,9E9,9E9,9E9,9E9]];
CONST robtarget pRelPart4:=[[ [*,*,*],[1,0,0,0],[0,0,0,0,[-1,1,-2,0],[9E9,9E9,9E9,9E9,9E9,9E9]];
CONST robtarget pRelCNV:=[[ [*,*,*],[1,0,0,0],[0,0,0,0,[-1,1,-2,0],[9E9,9E9,9E9,9E9,9E9,9E9]];
CONST robtarget pMoveOutDie:=[[ [*,*,*],[1,0,0,0],[0,0,0,0,[-1,1,-2,0],[9E9,9E9,9E9,9E9,9E9,9E9]];
CONST robtarget pRelDaPart:=[[ [*,*,*],[1,0,0,0],[0,0,0,0,[-1,1,-2,0],[9E9,9E9,9E9,9E9,9E9,9E9]];
    !定义机器人目标点
PERS robtarget pPosOK:=[[ [*,*,*],[1,0,0,0],[0,0,0,0,[-1,1,-2,0],[9E9,9E9,9E9,9E9,9E9,9E9]];
    !定义机器人目标点变量，用以机器人在任何点时可作运算
PERS tooldata tGripper:=[TRUE,[[179.120678011,-62.809528063,676],[1,0,0,0]],[15,[0,0,400],[1,0,0,0],0,0,0]];
    !定义夹具工具坐标系
PERS wobjdata wobjDCM:=[FALSE,TRUE,"",[[0,0,0],[1,0,0,0]],[[-308.662234013,-1631.501618476,1017.285148616],[0.707106781,0,0.707106781,0]]];
```

!定义压铸机工件坐标系

PERS wobjdata
wobjCool:=[FALSE,TRUE,"",[[1352.299998099,1342.748724261,1000],[1,0,0,0]],[[0,0,0],[1,0,0,0]]];

　　　　!定义冷却台工件坐标系

PERS pos PosExtRobSafe1:=[-600,-1300,1450];

PERS pos PosExtRobSafe2:=[580,-2700,7];

　　　　!定义两个位置数据，作为设定互锁区域的两个对角点

VAR shapedata shExtRobSafe;

　　　　!定义区域形状参数

PERS wzstationary wzExtRobSafe:=[1];

VAR bool bErrorPickPart:=FALSE;

　　　　!定义错误工件逻辑量

PERS loaddata LoadPart:=[5,[50,0,150],[1,0,0,0],0,0,0];

　　　　!定义产品有效载荷参数

CONST speeddata vFast:=[1800,200,5000,1000];

CONST speeddata vLow:=[800,100,5000,1000];

　　　　!定义机器人运行速度参数，vFast 为空运行速度，vLow 为机器人夹着产品的运行速度

PERS num nPickOff_X:=0;

PERS num nPickOff_Y:=0;

PERS num nPickOff_Z:=200;

　　　　!定义夹具在抓取产品前的偏移值

VAR bool bEjectKo:=FALSE;

　　　　!定义模具顶针是否顶出的逻辑量

PERS num nErrPickPartNo:=0;

　　　　!定义产品抓取错误变量，值为 0 时表示抓取的产品是 OK 的，1 为抓取的产品是
NG 的或没抓取到产品

VAR bool bDieOpenKO:=FALSE;

VAR bool bPartOK:=FALSE;

　　　　!定义开模逻辑量和产品检测 OK 逻辑量

PERS num nCTime:=0;

　　　　!定义数字变量，用来计时

VAR num nRelPartNo:=1;

　　　　!定义数字变量，用来计算产品放到冷却台的数量

PERS num nCoolOffs_Z:=200;

　　　　!定义冷却台 Z 方向偏移数字变量

```
VAR bool bFullOfCool:=FALSE;
PERS bool bCool1PosEmpty:=FALSE;
PERS bool bCool2PosEmpty:=FALSE;
PERS bool bCool3PosEmpty:=FALSE;
PERS bool bCool4PosEmpty:=FALSE;
    !定义冷却台产品是否放满逻辑量，以及各冷却位置是否有产品的逻辑量
```

以下 RAPID 程序存储于程序模块 ExtMain.mod。

```
PROC main()
    !主程序
        rIninAll;
      !调用初始化例行程序
    WHILE TRUE DO
      !调用 While 循环指令，并用绝对真实条件 True 形成死循环，将初始化程序隔离
        IF di01DCMAuto = 1 THEN
      !IF 条件判断指令。di01DCMAuto 为压铸机处于自动状态信号，即当压铸机处
于自动联机状态才开始执行取件程序
            rExtracting;
        !调用取件例行程序
            rCheckPart;
        !调用产品检测例行程序
            IF bFullOfCool=TRUE THEN
        !条件判断指令，判断冷却台上产品是否放满
            rRelGoodPart;
        !调用放置 OK 产品程序
            ELSE
            rReturnDCM;
        !调用返回压铸机位置程序
            ENDIF
        ENDIF
        rCycleTime；
      !调用计时例行程序
        WaitTime 0.2;
      !等待时间
    ENDWHILE
ENDPROC
```

```
    PROC rIninAll()
            !初始化例行程序
                AccSet 100, 100;
            !加速度控制指令
                VelSet 100, 3000;
            !速度控制指令
                ConfJ\Off;
                ConfL\Off;
            !机器人运动控制指令
                rReset_Out;
            !调用输出信号复位例行程序
                rHome;
            !调用回 Home 点程序
                Set do04StartDCM;
            !通知压铸机机器人可以开始取件
                rCheckHomePos;
            !调用检查 Home 点例行程序
    ENDPROC

    PROC rExtracting()
            !从压铸机取件程序
                MoveJ pWaitDCM, vFast, z20, tGripper\WObj:=wobjDCM;
            !机器人运行到等待位置
                WaitDI di02DoorOpen,1;
            !等待压铸机安全门打开
                WaitDI di03DieOpen, 1\MaxTime:=6\TimeFlag:=bDieOpenKO;
            !等待开模信号，最长等待时间 6s，得到信号后将逻辑量置为 FALSE；如果没
得到信号，则将逻辑量置为 TRUE
        IF bDieOpenKO = TRUE THEN
            !当逻辑量为 TRUE 时，表示机器人没有在合理的时间内得到开模信号，此时
取件失败
                    nErrPickPartNo := 1;
                !将取件失败的数字量置为 1
                    GOTO lErrPick;
                !跳转到错误取件标签 lErrPick 处
```

```
        ELSE
                nErrPickPartNo := 0;
        !如取件成功，则将取件失败的数字量置为 0
        ENDIF
            Reset do04StartDCM;
        !复位机器人开始取件信号


            MoveJOffs(pPickDCM,nPickOff_X,nPickOff_Y,nPickOff_Z),vLow,z10,tGripper\
WObj:=wobjDCM;
                MoveJ pPickDCM, vLow, fine, tGripper\WObj:=wobjDCM;
        !机器人运行到取件目标点
                rGripperClose;
        !调用关闭夹爪例行程序
                rSoftActive;
        !调用软伺服激活例行程序
                Set do07EjectFWD;
        !置位模具顶针顶出信号
                WaitDI di06LsEjectFWD, 1\MaxTime:=4\TimeFlag:=bEjectKo;
        !等待模具顶针顶出到位信号，最大等待时间为 4s，在该时间内得到信号则将
逻辑量置为 False
                pPosOK := CRobT(\Tool:=tGripper\WObj:=wobjDCM);
        !记录机器人被模具顶针顶出后的当前位置，并赋值给 pPosOk
        IF bEjectKo = TRUE THEN
        !当逻辑量为 TRUE 时，表示顶针顶出失败，则此次取件失败，机器人开始取
件失败处理
                rSoftDeactive;
        !调用软伺服失效例行程序
                rGripperOpen;
        !调用打开夹爪例行程序
                MoveL Offs(pPosOK,0,0,100), vLow, z10, tGripper\WObj:=wobjDCM;
        !以上一次机器人记录的目标点偏移
                nErrPick Part No:=1;
        ELSE
        !当逻辑量为 FALSE 时，取件成功，机器人则开始取件成功处理
                WaitTime 0.5;
                rSoftDeactive;
        !调用软伺服失效指令
                WaitTime 0.5;
```

```
                !等待时间，让软伺服失效完成
                        MoveL Offs(pPosOK,0,0,200), v300, z10, tGripper\WObj:=wobjDCM;
                !机器人抓取产品后按照之前记录的目标点偏移
                        GripLoad LoadPart;
                !加载 Load 参数，表示机器人已抓取产品
            ENDIF
    lErrPick:
            !错误取件标签
                MoveJ pMoveOutDie, vLow, z10, tGripper\WObj:=wobjDCM;
            !机器人运动到离开压铸机模具的安全位置
                Reset do07EjectFWD;
            !复位顶针顶出信号
    ENDPROC


    PROC rCheckPart()
            !产品检测例行程序
        IF nErrPickPartNo = 1 THEN
            !条件判断，当取件失败时，机器人重新回到 Home 点并输出报警信号
                        MoveJ pHome, vFast, fine, tGripper\WObj:=wobjDCM;
                        PulseDO\PLength:=0.2, do12Error;
                        RETURN;
        ENDIF
                MoveJ pHome, vLow, z200, tGripper\WObj:=wobjDCM;
                Set do04StartDCM;
                MoveJ pPartCheck, vLow, fine, tGripper\WObj:=wobjCool;
            !取件成功时，则抓取产品运行到检测位置
                Set do06AtPartCheck;
            !置位检测信号，开始产品检测
                WaitTime 3;
            !等待时间，保证检测完成
                WaitDI di04PartOK, 1\MaxTime:=5\TimeFlag:=bPartOK;
            !等待产品检测 OK 信号，时间 5s，逻辑量为 bPartOK
                ReSet do06AtPartCheck;
            !复位检测信号
        IF bPartOK = TRUE THEN
            !条件判断，当产品检测 NG 时，则该产品为不良品，机器人进入不良品处
理程序
```

```
            rRelDamagePart;
        !调用不良品放置程序
    ELSE
            rCooling;
        !当产品检测 OK 时，调用冷却程序
    ENDIF
ENDPROC


PROC rCooling()
    !产品冷却程序，即机器人将检测 OK 的产品放置到冷却台上
    TEST nRelPartNo
```

!TEST 指令，将产品逐个放置到冷却台，冷却台总共可以放置 4 个产品，放置时机器人先运行到冷却目标点上方偏移位置，然后运行到放料点，打开夹爪，放完成品后又运行到偏移位置

```
    CASE 1:
            MoveJ Offs(pRelPart1,0,0,nCoolOffs_Z), vLow, z50, tGripper\WObj:=wobjCool;
            MoveJ pRelPart1, vLow, fine, tGripper\WObj:=wobjCool;
            rGripperOpen;
            MoveJ Offs(pRelPart1,0,0,nCoolOffs_Z), vLow, z50, tGripper\WObj:=wobjCool;
    CASE 2:
            MoveJ Offs(pRelPart2,0,0,nCoolOffs_Z), vLow, z50, tGripper\WObj:=wobjCool;
            MoveJ pRelPart2, vLow, fine, tGripper\WObj:=wobjCool;
            rGripperOpen;
            Movej Offs(pRelPart2,0,0,nCoolOffs_Z), vLow, z50, tGripper\WObj:=wobjCool;
    CASE 3:
            MoveJ Offs(pRelPart3,0,0,nCoolOffs_Z), vLow, z50, tGripper\WObj:=wobjCool;
            MoveJ pRelPart3, vLow, fine, tGripper\WObj:=wobjCool;
            rGripperOpen;
            MoveJ Offs(pRelPart3,0,0,nCoolOffs_Z), vLow, z50, tGripper\WObj:=wobjCool;
    CASE 4:
            MoveJ Offs(pRelPart4,0,0,nCoolOffs_Z), vLow, z50, tGripper\WObj:=wobjCool;
            MoveJ pRelPart4, vLow, fine, tGripper\WObj:=wobjCool;
            rGripperOpen;
            MoveJ Offs(pRelPart4,0,0,nCoolOffs_Z), vLow, z50, tGripper\WObj:=wobjCool;
    ENDTEST
```

```
        nRelPartNo := nRelPartNo + 1;
        !每次放完一个产品后,将产品数量加1
    IF nRelPartNo > 4 THEN
        !当产品数量到 4 个后,即冷却台上已经放满时,将冷却台逻辑量置为 TRUE,
同时将产品数量置为 1,此时放完第四个产品后,需要将已经冷却完成的第一个产品从冷
却台上取下,放置到输送链上
    bFullOfCool := TRUE;
    nRelPartNo := 1;
    ENDIF
ENDPROC


PROC rRelGoodPart()
        !良品放置例行程序,即将已经冷却好的产品从冷却台上取下,放到输送链输出
        WaitDI di05CNVEmpty, 1;
        !等待输送链上没有产品的信号

    IF bFullOfCool = TRUE THEN
        !判断冷却台上产品是否放满

    IF nRelPartNo = 1 THEN
        !判断从冷却台上取第几个产品
        MoveJ Offs(pRelPart1,0,0,nCoolOffs_Z), vLow, z20, tGripper\WObj:=wobjCool;
        MoveJ pRelPart1, vLow, fine, tGripper\WObj:=wobjCool;
        rGripperClose;
        MoveJ Offs(pRelPart1,0,0,nCoolOffs_Z), vLow, z20, tGripper\WObj:=wobjCool;
    ELSEIF nRelPartNo = 2 THEN
        MoveJ Offs(pRelPart2,0,0,nCoolOffs_Z), vLow, z20, tGripper\WObj:=wobjCool;
        MoveJ pRelPart2, vLow, fine, tGripper\WObj:=wobjCool;
        rGripperClose;
        MoveJ Offs(pRelPart2,0,0,nCoolOffs_Z), vLow, z20, tGripper\WObj:=wobjCool;
    ELSEIF nRelPartNo =3 THEN
        MoveJ Offs(pRelPart3,0,0,nCoolOffs_Z), vLow, z20, tGripper\WObj:=wobjCool;
        MoveJ pRelPart3, vLow, fine, tGripper\WObj:=wobjCool;
        rGripperClose;
        MoveJ Offs(pRelPart3,0,0,nCoolOffs_Z), vLow, z20, tGripper\WObj:=wobjCool;
    ELSEIF nRelPartNo = 4 THEN
        MoveJ Offs(pRelPart4,0,0,nCoolOffs_Z), vLow, z20, tGripper\WObj:=wobjCool;
        MoveJ pRelPart4, vLow, fine, tGripper\WObj:=wobjCool;
        rGripperClose;
        MoveJ Offs(pRelPart4,0,0,nCoolOffs_Z), vLow, z20, tGripper\WObj:=wobjCool;
```

```
        ENDIF
            WaitTime 0.2;
        ENDIF
            MoveJ Offs(pRelCNV,0,0,nCoolOffs_Z), vLow, z20, tGripper\WObj:=wobjCool;
            MoveL pRelCNV, vLow, fine, tGripper\WObj:=wobjCool;
            rGripperOpen;
            MoveL Offs(pRelCNV,0,0,nCoolOffs_Z), vLow, z20, tGripper\WObj:=wobjCool;
            !从冷却台上取完产品后，运行到输送链上方，然后线性运行到放置点，松
开夹爪
            MoveL Offs(pRelCNV,0,0,300), vLow, z50, tGripper\WObj:=wobjCool;
            MoveJ Offs(pRelPart2,0,0,nCoolOffs_Z), vFast, z50, tGripper\WObj:=wobjCool;
            MoveJ pPartCheck, vFast, z100, tGripper\WObj:=wobjCool;
            MoveJ pHome, vFast, z100, tGripper\WObj:=wobjDCM;
            !放完产品后返回 Home 点，开始下一轮取放
    ENDPROC

    PROC rRelDamagePart()
            !不良品放置程序，当检测 NG 时，直接从检测位置运行到不良品放置位置，将
产品放下
            ConfJ\off;
            MoveJ pHome, vLow, z20, tGripper\WObj:=wobjCool;
            MoveJ pMoveOutDie, vLow, z20, tGripper\WObj:=wobjCool;
            MoveL pRelDaPart, vLow, fine, tGripper\WObj:=wobjCool;
            rGripperOpen;
            MoveL pMoveOutDie, vLow, z20, tGripper\WObj:=wobjCool;
            ConfJ\on;
    ENDPROC

    PROC rReset_Out()
            !输出信号复位例行程序
            Reset do04StartDCM;
            Reset do06AtPartCheck;
            Reset do07EjectFWD;
            Reset do09E_Stop;
            Reset do12Error;
            Reset do03GripperOFF;
            Reset do01RobInHome;
    ENDPROC

    PROC rCycleTime()
```

```
        !计时例行程序
            ClkStop clock1;
            nCTime := ClkRead(clock1);
            TPWrite "the cycletime is    "\Num:=nCTime;
            ClkReset clock1;
            ClkStart clock1;
    ENDPROC

    PROC rSoftActive()
            !软伺服激活例行程序，设定机器人 6 个轴的软化指数
            SoftAct 1, 99;
            SoftAct 2, 100;
            SoftAct 3, 100;
            SoftAct 4, 95;
            SoftAct 5, 95;
            SoftAct 6, 95;
            WaitTime 0.3;
    ENDPROC

    PROC rSoftDeactive()
            !软伺服失效例行程序
            SoftDeact;
            !软伺服失效指令，执行此指令后所有软伺服设定失效
            WaitTime 0.3;
    ENDPROC

    PROC rReturnDCM()
            !返回压铸机程序
            MoveJ pPartCheck, vFast, z100, tGripper\WObj:=wobjCool;
            MoveJ pHome, vFast, z100, tGripper\WObj:=wobjDCM;
    ENDPROC

    PROC rCheckHomePos()
            !检测是否在 Home 点程序
    VAR robtarget pActualPos1;
            !定义一个目标点数据 pActualPos
    IF NOT CurrentPos(pHome,tGripper) THEN
            !调用功能程序 CurrentPos，此为一个布尔量型的功能程序，括号里面的参数分别指
    的是所要比较的目标点以及使用的工具数据，这里写入的是 pHome，则是将当前机器人位置
```

与 pHome 点进行比较，若在 Home 点，则此布尔量为 TRUE；若不在 Home 点，则为 False。在此功能程序的前面加上一个 NOT，则表示当机器人不在 Home 点时，才会执行 IF 判断指令中机器人返回 Home 点的动作指令。

```
        pActualpos1:=CRobT(\Tool:=tGripper\WObj:=wobjDCM);
        !利用 CRobT 功能读取当前机器人目标位置，并赋值给目标点数据 pActualpos1
        pActualpos1.trans.z:=pHome.trans.z;
        !将 pHome 点的 Z 值赋给 pActualpos 点的 Z 值
        MoveL pActualpos1,v100,z10,tGripper;
         !移至已被赋值后的 pActualpos 点
        MoveL pHome,v100,fine,tGripper;
```

!移至 pHome 点，上述指令的目的是需要先将机器人提升至与 pHome 点一样的高度，之后再平移至 pHome 点，这样可以简单地规划一条安全回 Home 的轨迹

```
    ENDIF
ENDPROC


FUNC bool CurrentPos(robtarget ComparePos,INOUT tooldata TCP)
        !检测目标点功能程序，带有两个参数，比较目标点和所使用的工具数据
VAR num Counter:=0;
        !定义数字型数据 Counter
VAR robtarget ActualPos;
        !定义目标点数据 ActualPos
ActualPos:=CRobT(\Tool:=tGripper\WObj:=wobj0);
        !利用 CRobT 功能读取当前机器人目标位置，并赋值给 ActualPos
    IF  ActualPos.trans.x>ComparePos.trans.x-25  AND  ActualPos.trans.x<ComparePos.
trans.x+25 Counter:=Counter+1;
        IF  ActualPos.trans.y>ComparePos.trans.y-25  AND  ActualPos.trans.y<ComparePos.trans.
y+25 Counter:=Counter+1;
        IF  ActualPos.trans.z>ComparePos.trans.z-25  AND  ActualPos.trans.z<ComparePos.
trans.z+25 Counter:=Counter+1;
        IF  ActualPos.rot.q1>ComparePos.rot.q1-0.1  AND  ActualPos.rot.q1<ComparePos.
rot.q1+0.1 Counter:=Counter+1;
        IF  ActualPos.rot.q2>ComparePos.rot.q2-0.1  AND  ActualPos.rot.q2<ComparePos.
rot.q2+0.1 Counter:=Counter+1;
        IF  ActualPos.rot.q3>ComparePos.rot.q3-0.1  AND  ActualPos.rot.q3<ComparePos.
rot.q3+0.1 Counter:=Counter+1;
    IF    ActualPos.rot.q4>ComparePos.rot.q4-0.1    AND    ActualPos.rot.q4<ComparePos.
rot.q4+0.1 Counter:=Counter+1;
```

!将当前机器人所在目标位置数据与给定目标点位置数据进行比较，共七项数值，分别是 X、Y、Z 坐标值以及工具姿态数据 q1、q2、q3、q4 的偏差值，如 X、Y、Z 坐标偏差值"25"可根据实际情况进行调整。每项比较结果成立，则计数 Counter 加 1，七项全部满足的话，则 Counter 数值为 7

RETURN Counter=7;

    !返回判断式结果，若 Counter 为 7，则返回 TRUE；若不为 7，则返回 FALSE

ENDFUNC

PROC rTeachPath()

    !机器人手动示教目标点程序（图 5-7），该程序仅用于手动调试时使用

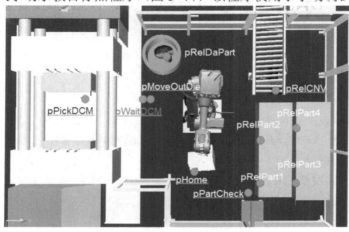

图 5-7

MoveJ pWaitDCM,v10,fine,tGripper\WObj:=wobjDCM;
  !机器人在压铸机外的等待点

MoveJ pPickDCM, v10,fine,tGripper\WObj:=wobjDCM;
  !机器人抓取产品点

MoveJ pHome, v10,fine,tGripper\WObj:=wobjDCM;
  !机器人 Home 点

MoveJ pPartCheck, v10,fine,tGripper\WObj:=wobjCool;
  !机器人产品检测目标点

MoveJ pMoveOutDie, v10,fine,tGripper\WObj:=wobjDCM;
  !机器人退出压铸机目标点

MoveJ pRelDaPart, v10,fine,tGripper\WObj:=wobjDCM;
  !机器人不良品放置

MoveJ pRelPart1, v10,fine,tGripper\WObj:=wobjCool;
MoveJ pRelPart2, v10,fine,tGripper\WObj:=wobjCool;
MoveJ pRelPart3, v10,fine,tGripper\WObj:=wobjCool;
MoveJ pRelPart4, v10,fine,tGripper\WObj:=wobjCool;
  !机器人冷却目标点，共 4 个，分布在冷却台上

```
        MoveJ pRelCNV, v10,fine,tGripper\WObj:=wobjCool;
            !机器人放料到输送链目标点
    ENDPROC


    PROC rPowerON()
            !EventRoutine，定义了机器人和压铸机工作的互锁区域，当机器人 TCP 进入该
区域时，数字输出信号 Do05RobInDCM 被置为 0，此时压铸机不能合模。将此程序关联到
系统 PowerOn 的状态，当开启系统总电源时，该程序即被执行一次，互锁区域设定生效。
        PosExtRobSafe1:=[-600,-1300,1450];
        PosExtRobSafe2:=[580,-2700,7];
        !机器人干涉区域的两个对角点位置，该位置参数只能是在 Wobj0 下的数据（将机器
人手动模式移动到压铸机互锁区域内进行获取对角点的数据）
        WZBoxDef\Inside,shExtRobSafe,PosExtRobSafe1,PosExtRobSafe2;
            !矩形体干涉区域设定指令，Inside 是定义机器人 TCP 在进入该区域时生效
        WZDOSet\Stat,wzExtRobSafe\Inside,shExtRobSafe,do05RobInDCM,1;
        !干涉区域启动指令，并关联到对应的输出信号
    ENDPROC


    PROC rHome()
            !机器人回 Home 点程序
            MoveJ pHome, vFast, fine, tGripper\WObj:=wobjDCM;
            !机器人运行到 Home 点，只有一条运动指令，转弯区选择 Fine
    ENDPROC


    PROC rGripperOpen()
            !打开夹爪例行程序
            Reset do03GripperOFF;
            Set do02GripperON;
            WaitTime 0.3;
    ENDPROC


    PROC rGripperClose()
            !关闭夹爪例行程序
            Set do03GripperOFF;
            Reset do02GripperON;
            WaitTime 0.3;
    ENDPROC
```

笔记：

5.4.12 示教目标点

在本工作站中，需要示教程序起始点 pHome 取件及冷却等目标点；

程序起始点 pHome[①]如图 5-8 所示。

图　5-8

在程序模板中包含一个专门用于手动示教目标点的子程序 rTeachPath（图 5-9），在虚拟示教器中，进入"程序编辑器"，将指针移动至该子程序，之后通过示教器在手动模式下移动机器人到各个位置点，并通过修改位置将其记录下来。

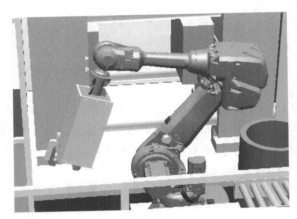

图　5-9

①通常来说，Home 点设定在离机器人工作区域较远的地方。

5.4.13　工作站程序运行说明

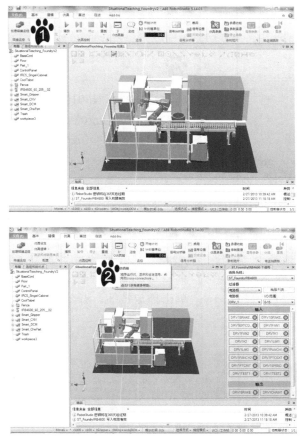

单击"仿真"菜单。

单击"I/O 仿真器"。

正确设定虚线框中的内容。

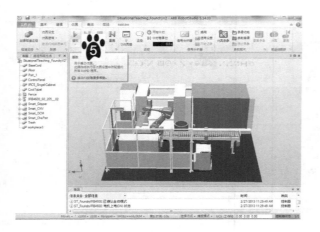

将 I/O 信号"di01DCMAuto"以及"di05CNVEmpty"强置为 1,仿真压铸机已准备完成输送带可放料的信号。

单击播放按钮,开始仿真运行。

5.5 知识拓展

5.5.1 WZCylDef:圆柱体区域检测设定指令

WZCylDef 是选项 World Zones 附带的应用指令,用以在大地坐标系下设定圆柱体的区域检测,设定时需要定义该虚拟圆柱体的底面圆心、圆柱体高度、圆柱体半径三个参数。

示例如图 5-10 所示。

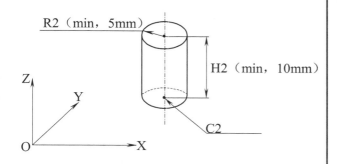

图　5-10

指令示例如下：

VAR shapedata volume;

CONST pos C2: =[300, 200, 200];

CONST num R2: =100;

CONST num H2: =200;

…

WZCy1Def\Inside, volume, C2, R2, H2;

指令说明：

指令变量名称	说　　明
[\Inside]	圆柱体内部值有效
[\Outside]	圆柱体外部值有效，二者必选其一
Shape	形状参数
CenterPoint	底面圆心位置
Radius	圆柱体半径
Height	圆柱体高度

5.5.2　WZEnable：激活临时区域检测指令

WZEnable 指令是选项 World Zones 附带的应用指令，用以激活临时区域检测。

指令示例如下：

VAR wztemporary wzone;

…

PROC…

　　WZLimSup\Temp, wzone, volume;

　　MoveL p_pick, v500, z40, tool1;

笔记：

```
    WZDisable wzone;
    MoveL p_place, v200, z30, tool1;
    WZEnable wzone;
    MoveL p_home, v200, z30, tool1;
ENDPROC
```

注意：只有临时区域检测才能使用 WZEnable 指令激活，关于区域检测分类参考 5.3.5 节。

5.5.3　WZDisable：激活临时区域检测指令

WZDisable 指令是选项 World Zones 附带的应用指令，用以使临时区域检测失效。

指令示例如下：

```
VAR wztemporary wzone;
...
PROC...
    WZLimSup\Temp, wzone, volume;
    MoveL p_pick, v500, z40, tool1;
    WZDisable wzone;
    MoveL p_place, v200, z30, tool1;
ENDPROC
```

注意：只有临时区域才能使用 WZEnable 指令激活。

5.6　思考与练习

➤　使用现场总线进行压铸取件 I/O 通信的好处。

➤　请列出压铸取件常用指令，并进行说明。

➤　请写出设定机器人与压铸机互锁区域的详细步骤。

➤　请说明 SoftAct 的功能。

➤　列出压铸取件程序的大体结构。